I0483707

ÍNDICE

1. Resumen.

1.1 Resumen.

El crecimiento alarmante de la resistencia bacteriana frente a la gran parte de antibióticos comercializados y puestos en uso, supone una alarma global al carecer de mecanismos capaces de detener su desarrollo y con ello evitar las enfermedades que los microbianos puedan generar. Para ello, se necesita conocer a fondo la estructura bacteriana, las proteínas y enzimas que los vuelven resistentes a cualquier ataque fisicoquímico llevado a cabo por diferentes fármacos; así como estudiar los focos de infección que pueden abrir, de forma que se encuentren maneras de tener bajo control sus ataques con la combinación de antibióticos existentes y otras terapias. La evolución a pasos agigantados al igual que la adquisición de nuevos genes y cepas resistentes a antimicrobianos, plantea todo un reto al desarrollo, investigación y creación de nuevos fármacos, capaces de aniquilar estos microbianos, los cuales pueden llegar a presentar en ocasiones en su código genético, genes que los hagan resistentes a antibióticos que ni se encuentran comercializados. La necesidad de conocer el amplio espectro en el que se mueven las bacterias, sus cepas y proteínas características, resulta una urgencia de primera prioridad, pues es en los propios hospitales y laboratorios donde se encuentran con mayor frecuencia microorganismos que ni siquiera han sido registrados, o que presentan mecanismos de resistencia no notados anteriormente.

1.2 Palabras clave.

Mecanismo, resistencia, bacteria, antibióticos, betalactámicos, maldi-tof.

1.1 <u>Abstract.</u>

The alarming growth of the bacterial resistance against the great part of antibiotics marketed and put into use, supposes a global alarm when lacking mechanisms able to stop its development and with it to avoid the diseases that the microbial ones can generate aren't available. For this, it is necessary to know thoroughly the bacterial structure, the proteins and enzymes that make them resistant to any physicochemical attack carried out by different drugs; as well as studying the foci of infection that they can open, so that, ways are found to have their attacks under control with the combination of existing antibiotics and other therapies. Evolution at a rapid pace, as well as the acquisition of new genes and strains resistant to antimicrobials, poses a challenge to the development, research and creation of new drugs capable of annihilating these microbials, which may sometimes occur in their code genetic, genes that make them resistant to antibiotics that are not commercialized. The need to know the broad spectrum of bacteria's reign, their strains and characteristic proteins, is a priority, since it is at hospitals and laboratories where microorganisms that have not even been registered, are most frequently found, or that present mechanisms of resistance not previously noted.

1.2 <u>Key words.</u>

Mechanism, resitance, bacterium, antibiotics, beta-lactams, maldi-tof

2. <u>Justificación.</u>

Esta revisión bibliográfica se ha realizado al tratarse de un tema con una gran relevancia en la actualidad, debido al aumento de la resistencia de microorganismos a los medicamentos existentes, y aquellos que aún se encuentran en proceso de desarrollo, planteando una cuestión de máxima importancia en el panorama sanitario y global, debido a las dificultades que un alto grado de resistencia, por parte de un agente microbiano, supone para cualquier ser humano y su supervivencia. El abuso indiscriminado de fármacos por parte de la población es también una pieza clave en esta multirresistencia que las bacterias presentan cada vez con más frecuencia. Se genera entonces diferentes dudas en cuanto a tipo de terapias eficaces para los pacientes hospitalarios, así como tratamientos para cuadros no tan graves del día a día, puesto que esta capacidad para repeler cualquier ataque antibiótico paraliza y exige un replanteamiento del uso de la medicación disponible en el mercado.

3. Objetivos.

El objetivo principal de este proyecto es llevar a cabo un estudio de investigación sobre la resistencia de las bacterias a los antimicrobianos concretamente a los betalactámicos.

Otros objetivos más específicos que queremos alcanzar en el desarrollo de este trabajo son:

- Recoger datos reales de pacientes para la realización de estadísticas.
- Observar las diferencias sobre datos de la resistencia de bacterias a los antimicrobianos.
- Conocer los diferentes mecanismos de resistencia.

4. Desarrollo. 4.1 Introducción. 4.1.1 Historia.

Durante gran parte de la historia se pensaba que las enfermedades eran productos del desequilibrio de sustancias corporales. Uno de los investigadores que dio mayor importancia a esta nueva ciencia fue Paracelso en el siglo XVI ya que introdujo el concepto y los métodos para la extracción de los principios activos de las prescripciones.

Entrado el siglo XIX cuando la Teoría Microbiana de la Enfermedad permitió establecer la causa verdadera de estas patologías, abriendo el camino para la aparición de los agentes terapéuticos específicos y su revolución en la historia de la medicina (1).

En 1859 Pasteur sentó las bases de la "Teoría microbiana de la enfermedad" y en 1864 la Academia Francesa de Ciencias aceptó finalmente la teoría de Pasteur. Lister fue uno de los primeros en llevar a la práctica la teoría de Pasteur (1). Además Pasteur en 1887 descubrió que bacterias ambientales pueden destruir el Bacillus anthracis y que animales infectados con otros microorganismos son resistentes al ántrax. A este fenómeno de interferencia se le denomino antibiosis(2).

En torno a 1880 se descubrió el primer producto antibacteriano de origen natural de la mano de E. de Freudenreich al estudiar la piocianasa el pigmento azul liberado por el "bacilo piociánico" (actualmente conocido como *Pseudomonas aeruginosa*). La liberación de la piocianasa por la *Pseudomonas* en cultivo impedía el crecimiento de otras bacterias. Años más tarde en 1889 se realizaron los primeros experimentos demostrando que el pigmento no solo inhibía el crecimiento de la bacteria sino que podía destruir bacterias patógenas como las del carbunco, los abscesos cutáneos, la fiebre tifoidea y la peste. Sin embargo la piocianasa era demasiado inestable y tóxica como para permitir su uso en seres humanos (1).

En 1881 Robert Koch, médico rural alemán, introdujo un medio sólido en placas en el cual se podía sembrar y detectar el crecimiento de las bacterias. La forma, la textura y el color de las colonias que se podían identificar en el medio permitían contar de manera objetiva los distintos tipos de bacterias. Koch pudo aislar el *Bacillus anthracis*, el vibrión colérico y el bacilo tuberculoso. En 1878 Koch publicó su famoso tratado "Etiología de las enfermedades infecciosas de origen traumático. Los agentes causales de la mayoría de las enfermedades bacterianas fueron descubiertos y descritos en las dos décadas siguientes a los estudios de Koch y Pasteur (1).

En 1920 Alexander Fleming trabajaba en el Hospital St. Mary de Londres informó del descubrimiento de una sustancia presente en las lágrimas humanas que determinaba que algunas bacterias se destruyeran, a esa sustancia la llamó "lisozima" (1).

En 1928 Alexander Fleming se encontraba estudiando las variantes cromógenas del *Sthaphylococcus aureus*, principal germen colonizante de la piel y descubrió la penicilina demostrando que el hongo "*Penicillium*" producía una sustancia capaz de difundir a través del agar y lisar la bacteria. Pero la penicilina no se usó como agente terapéutico en seres humanos hasta dos décadas después de su descubrimiento (1). Años más tarde Howard Florey y Ernst Chain continuaron los estudios de Fleming relacionados con la penicilina.

En 1930 se utilizó por primera vez la penicilina como tratamiento tópico en pacientes que tenía infección cutánea y ocular. Diez años después se utilizó la penicilina como tratamiento parenteral (3). Al poco de introducirse como tratamiento antibiótico la mayoría de las especies de *Sthapylococus aureus* eran sensibles, actualmente solo un 5-10% es sensibles.

En la década de los 40 la introducción de la utilización de antibióticos aumentó la esperanza de vida de la población.

En 1940 Dubós, patólogo Norteamericano, aisló un microorganismo habitante del suelo, el *Bacillus brevis* que producía una sustancia capaz de inhibir el crecimiento de las bacterias Grampositivas. Dubós la llamó "gramicidina".

Ron Waksman, microbiólogo, aisló en 1940,1942 y 1944 la actinomicina, la estreptotricina y la estreptomicina respectivamente.

En 1946 se descubrió que una cepa de *E. coli* contenía plásmidos resistentes a tetraciclinas y estreptomicina, pero dichos antibióticos no se habían utilizado hasta la fecha.

La primera cefalosporina aislada fue aislada de cepas de hongos *Cephalosporium acremoinum* de una alcantarilla en Cerdeña en 1948 por el científico italiano Giuseppe Brotzu.

En los años 1939, 1945 y 1952 se otorgaron tres premios Nobeles de Medicina y Fisiología relacionados con el descubrimiento de antibacterianos.

En 1970 se introdujo al mercado un antibiótico sintético, la trimetoprima.

En 1972 *Haemophilus influenzae* fue sensible a los antibióticos, se cree que se hizo resistente mediante la translocación (5).

A principios de la década de los 80 se introdujo como tratamiento antibiótico la cefotaxima y la mayoría de las cepas de *Escherichia coli* y *Klebsiella pneumoniae* (4).

En 1997 apareció el primer caso clínico de resistencia a vancomicina en Japón y en 2002 se dio un caso similar en Estados Unidos.

A principios del siglo XXI la resistencia a antibióticos sigue siendo una de las causas más importantes de muerte (4).

En 2007 se calculó que en Europa había unas 400000 infecciones por bacterias resistente a antibióticos y en Estados Unidos unos 2 millones de personas estaban infectadas con bacterias resistentes a antibióticos (4).

En 2015 se descubrieron dos cepas de *Streptococcus agalactiae* resistentes a vancomicina (4).

En el siguiente cuadro podemos observar los acontecimientos que han sucedido a lo largos de la historia de los antibióticos.

Año	Historia	Año	Historia
1859	Pasteur sentó las bases de la teoría microbiana.	1957	Descubrimiento de vancomicina y rifampicina
1880	Freudenreich descubrió la piocinasa.	1960	Síntesis e introducción de la meticilina
1881	Robert Koch introdujo lo que hoy se conoce como placas de siembra.	1961	Introducción de la ampicilina
1920	Descubrimiento de la lisozima	1962	Introducción del ácido nalidíxico
1929	Descubrimiento de la penicilina	1963	Descubrimiento de la gentamicina
1930	Introducción de la penicilina como tratamiento	1964	Introducción de las cefalosporinas
1932	Descubrimiento del prontosil	1972	*Haemophilus influenzae* sensible a antibióticos.
1939	Descubrimiento de la gramidicina	1980	Introducción de la cefotaxima.
1940	Dubó aisló la gramicidina	1997	Primer caso de resistencia a la vancomicina
1945	Descubrimiento de las cefalosporinas	2000	Introducción del linezolid como tratamiento
1946	Descubrimiento de una cepa de E. Coli resistente a tetraciclinas.	2003	Introducción de la deptomicina
1952	Descubrimiento de la eritromicina.	2015	Descubrimiento de 2 cepas resistentes a vancomicina

Figura N° (1)

En el siguiente cuadro podemos observar los tipos de antimicrobianos y como llevan a cabo su mecanismo de resistencia. (1).

Agente	Informe de resistencia	Mecanismo
Penicilina G	1940	Producción de penicilinasas
Estreptomicina	1947	Mutación de proteína ribosomal
Tetraciclina	1952	Unión a la subunidad 30s del ribosoma
Penicilina+tetraciclina (*Neisseria gonorrhoeae* y enterobacterias)	1976 y 1980	Betalactamasas de amplio espectro y bombas de eflujo de tetraciclinas
Meticilina	1961	Mutación de PBP
Gentamicina	1969	Enzimas inactivadoras

Figura   Nº
(2)

4.1.2 Tipos de bacterias y su estructura.

4.1.2.1 TIPOS DE BACTERIAS: CLASIFICACIONES

La clasificación de bacterias se puede realizar a partir de múltiples criterios, el tipo de morfología o cuyo foco principal sea uno de los componentes del microorganismo, así como sus funciones: pared celular, ADN, tipo de metabolismo, antígenos, etc. La clasificación más usada, por ser la más genérica y aquella que permite englobar los microorganismos en grandes grupos fáciles de distinguir, es la que refiere a la morfología del microorganismo, de la cual se obtienen tres grupos generales: Bacilos, cocos y otros o formas helicoidales.

→ CLASIFICACIÓN SEGÚN MORFOLOGÍA.

Esta distinción se lleva a cabo teniendo en cuenta la forma en la que se presentan las bacterias en el medio:

- Bacilos: cuya forma se observa como un bastoncillo.
- Cocos: cuya forma se observa como una esfera.
- Formas helicoidales:
    - Vibrio: se observan ligeramente curvados, en forma de ''coma''. -
    Espirilo: se observan conformando un tirabuzón.

Cabe destacar que se dan en la naturaleza las siguientes disposiciones espaciales:

- En parejas, diploides, en el caso de los cocos, adquiriendo el nombre de diplococos; como lo es la bacteria *Neisseria gonorrhoeae*.
- Formando cadenas, en el caso de los cocos, pasando a denominarse estreptococos, como lo es *Streptococcus pneumoniae*.
- En forma de racimos o similares, llamándose entonces estafilococos, siendo un ejemplo de ello *Staphylococcus aureus*.

→ CLASIFICACIÓN GRAM.

La tinción de Gram, creada por Christian Gram, permite realizar una diferenciación tanto morfológica, como de la composición de la pared bacteriana. Esta técnica utiliza dos colorantes, cristal violeta y safranina, una solución yodada como lo es el lugol y una mezcla de alcohol-acetona. El procedimiento sería el siguiente, partiendo de una muestra fijada en una extensión o lámina:

1. Cubrir la extensión con 12-15 gotas de cristal violeta y cronometrar un minuto desde la aplicación. Transcurrido el tiempo enjuagamos con agua destilada y escurrimos
1. Agregar 12-15 gotas de lugol a la lámina y esperar un minuto. Enjuagar igual que en el paso anterior.
2. Agregar alcohol-acetona 30 segundos, decantar inmediatamente transcurrido el tiempo y enjuagar con agua.
3. Agregar safranina y dejar actuar durante 2 minutos. Finalmente lavar de forma cuidada con agua para evitar el desprendimiento de la extensión.

A través de este procedimiento es posible obtener dos grupos de bacterias:

Bacterias Gram Positivas: Estas bacterias se observarán al microscopio con una coloración azulada violeta debido al colorante cristal violeta. La razón por la que esto sucede es debido a la composición de la pared bacteriana de este tipo de microorganismo, el cual poseerá una gruesa capa de péptidoglucano (también llamado mureína, secuencia de N-acetil-glucosamina y ácido N-acetilmurámico alternados mediante enlaces beta-1,4) que encierra la membrana citoplasmática del organismo.

Esta capa confiere al organismo una fuerte resistencia y debido a su grosor, retiene el primer colorante, tiñéndose de color violeta.

Bacterias Gram Negativas: Por otra parte, estas bacterias poseerán una tinción rosada al MO, debido al colorante safranina. En este caso se debe a que la pared celular, también conformada por mureína; de este tipo de bacterias presenta un grosor de mucho menor calibre comparado con las gram positivas, de forma que cuando lugol y alcohol-acetona entran en contacto con ellas, se llevarán cualquier rastro que pudiera haber retenido de cristal violeta, quedando solo la safranina y adquiriendo solo la coloración rosada al ser el último paso y no sufrir después ningún contacto con cualquier tipo de alcohol. En este tipo de bacterias, la pared celular se encuentra entre dos membranas lipídicas.

Podría hablarse de un tercer grupo cuando ninguno de los colorantes logra teñir la bacteria, las denominadas **ácido-alcohol resistentes (BAAR)** cuya pared bacteriana es cérida y precisa de una fuente de calor como lo es el fuego que permita licuar los componentes céridos de la pared y de esa forma dejar pasar a los colorantes. Este tipo de bacterias suele recibir la tinción Zhiel-Nieelsen.

→ CLASIFICACIÓN SEGÚN RESPIRACIÓN CELULAR

Dependiendo de la necesidad o independencia de oxígeno, así como otros gases, encontramos cuatro grupos de bacterias:

- Aerobias: También llamadas estrictas, necesitan siempre una fuente de oxígeno para poder realizar la respiración celular.
- Anaerobias: Estas bacterias pueden prescindir del oxígeno para su funcionamiento.
- Facultativas: Este grupo puede utilizar o no el oxígeno para su funcionamiento, pero no dependen estrictamente del gas.
- Microaerófilas: Estas bacterias se desarrollan en espacios cuyos porcentajes de oxígeno son mínimos o donde se haya una concentración considerable de dióxido de carbono (CO_2), utilizándolo entonces como fuente de energía.

4.1.2.2 ESTRUCTURA BACTERIANA

Las bacterias son organismos procariotas, por lo que comparten y difieren en características con los organismos eucariotas siendo las más destacadas:

PROCARIOTA	EUCARIOTA
<ul><li>Carencia de núcleo, posee una región llamada nucleoide.</li><li>Carencia de redes membranosas que delimitan el espacio citoplasmático.</li><li>Únicamente posee vacuolas y ribosomas como orgánulos.</li><li>Fragmentos de plásmidos residen en el citoplasma para la síntesis de proteínas.</li><li>Apéndices extracelulares como pilis y flagelos.</li><li>Generación de una cápsula como mecanismo de defensa.</li></ul>	<ul><li>Posee un compartimento llamado núcleo que encapsula el material genético.</li><li>Divisiones membranosas denominadas Retículo Endoplasmático Rugoso (RER) y Retículo Endoplasmático Liso (REL).</li><li>Diferentes orgánulos componen el citoplasma, como mitocondrias, citoesqueleto, peroxisomas, vacuolas, ribosomas libres o adheridos a RER, et.</li><li>Apéndices extracelulares como flagelos.</li></ul>

Figura Nº (3): Tabla resumen de las principales diferencias entre organismos procariotas y eucariotas.

ENVOLTURA BACTERIANA: PARED CELULAR

Se define como la barrera física principal de resistencia de cualquier tipo de célula, que suele encontrarse en el exterior de la membrana plasmática y que dependiendo del tipo de célula que se trate, ya sea correspondiente a un hongo, un organismo de origen vegetal, un organismo de origen animal, una bacteria, etc. se conformara con unos componentes y elementos u otros. Le confiere rigidez, así como le da forma a la célula y protege su contenido, siendo orgánulos y enzimas que permiten el desarrollo y el mantenimiento de la célula. En el caso de las bacterias, su componente esencial es el péptidoglucano o mureína.

EL PÉPTIDOGLUCANO

El esqueleto de la pared celular bacteriana está constituido por un heteropolímero: el péptidoglicano o mureína. Este se encuentra presente en todas las eubacterias, mientras que las arqueobacterias no poseen mureína.

Esta macromolécula, de la cual se habló anteriormente en la _clasificación según la tinción de gram_, está formada por una secuencia alternante de N-acetil-glucosamina y el ácido N-acetilmurámico unidos mediante enlaces ß-1,4. Conforma entonces una cadena recta no ramificada que resulta ser la estructura básica de la pared.

Figura Nº (4): Configuración química de la mureína o péptidoglucano en la naturaleza, formado por

N-Acetilglucosamina   N-Acetilmurámico

L-Alanina

SÍNTESIS DEL PÉPTIDOGLUCANO

La síntesis de este compuesto puede simplificarse en cuatro grandes fases, las cuales son:

Primera fase: En esta fase se sintetizan por separad los monosacáridos NAM y NAG que se activan al unirse a uridín difosfato (UDP). La sintetización de ambos no indica que se produzca de forma inmediata su unión, cada uno de ellos se unirá a un UDP. Tras este paso se añaden los aminoácidos de forma secuencial, en el orden Lala, D-glu, m-DAP, y el dipéptido de D-ala. Todo este proceso requiere del ión Mn^{+2} para la generación de los enlaces.

Segunda fase: El complejo generado, UDP-NAM-pentapéptido, se transfiere ahora a un transportador de membrana, llamado undecaprenil-fosfato conocido como Lip-P, en una reacción catalizada por una enzima translocasa específica, llamada bactoprenol, generalmente por que cuando se descubrió únicamente se observo en bacterias, sin embargo, se encuentra presente en otro tipo de células. Esta permite el transporte y ensamblaje de sustancias hidrofílicas, convirtiéndolas en lipófilas, que de forma normal no podrían pasar la membrana. Esta enzima posee fosfato al cual se unirá el complejo NAM-pentapéptido mediante enlaces pirofosfato.

Una vez que el NAM-pentapétido está unido al undecaprenil, una transferasa transfiere a éste la NAG desde el UDP-NAG. Se genera pues el enlace ß(1à4) entre NAG y NAM. Por lo tanto, se obtiene el siguiente complejo: Lip-P-P-NAM(pentapéptido)NAG.

Tercera fase: En esta compleja fase se produce la transglucosación de las unidades disacáridas, polimerizándolas, gracias al movimiento flip-flop del bactoprenol en la membrana, de forma que expone al precursor Lip-P-P-NAM(pentapéptido)-NAG al medio acuoso exterior de la membrana.

En el proceso se libera uno de los Lip-P-P (o sea, el undecaprenil, pero en forma pirofosforilada, recordamos que este se encontraba unido al resto de la molécula mediante un enlace pirofosfato). Sobre este Lip-P-P actúa una fosfatasa específica, que elimina el fosfato terminal, regenerándose el undecaprenil-fosfato, que queda dispuesto para otro ciclo como este que hemos descrito a este paso, de forma que se reutiliza.

Cuarta fase: El polímero surgido de la fase anterior es una cadena lineal de mureína sin entrecruzar, y unido aún al transportador lipídico de membrana. A través de estas uniones peptídicas se unen entre sí las cadenas de heteropolímeros formando una molécula gigante, el sáculo de mureína.

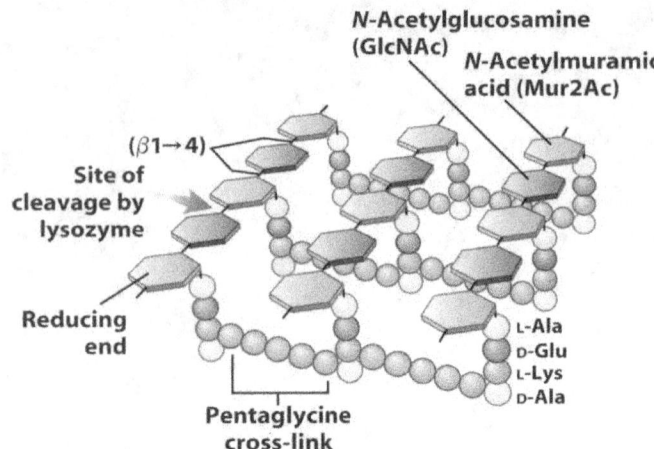

Figura Nº (5): *Configuración química final de la red de mureína en el espacio.*

APÉNDICES

Se dividen en tres grupos:

- Flagelos: Apéndice filamentoso proteico utilizado para el movimiento de la bacteria, que se impulsa gracias al gradiente electroquímico generado por la transferencia de iones que ocurre entre ambos lados de la membrana plasmática.
- Fimbrias: Filamentos finos proteicos distribuidos por toda la superficie del microorganismo, similares a los cilios. Su origen proviene de evaginaciones de la membrana citoplasmática que traspasan la pared celular y la cápsula.
- Pili: Pilus, en plural, su tamaño se encuentra entre el flagelo y la fimbria. Siendo de origen proteico también, su función es la del intercambio genético entre microorganismos en el proceso que se conoce como conjugación bacteriana.

ESPORAS: FORMAS DE RESISTENCIA

Según su localización encontramos tres tipos de esporas:

- Endospora: Característica de las bacterias Gram Positivas en general, estas se forman en el interior del organismo. Su principal función es la de asegurar la resistencia del microorganismo cuando este se encuentra bajo condiciones no idóneas para su desarrollo y por ello se generan únicamente cuando se dan dichas condiciones.
- Exospora: Características de las Actinobacterias (gram positivas), su formación se genera a partir de la gemación de un micelio filamentoso bacteriano y se encuentra fuera de la estructura bacteriana principal.
- Acineto: Se da en algunas cianobacterias, también conocidas como algas cianofitas por se capaces de realizar la fotosíntesis oxigénica y por presentar un color verdeazulado. Se forma paralelamente al crecimiento del organismo como reservorio energético y protección frente a condiciones adversas como temperaturas extremadamente bajas.

4.1.2.3 GRAM: DIFERENCIACIÓN

POSITIVA	NEGATIVA
<ul><li>La red de mureína esta muy desarrollada y llega a tener hasta 40 capas.</li><li>Los aminoácidos implicados varían de una especie a otra.</li><li>La constitución del esqueleto es característica de la especie y constituye un buen parámetro taxonómico.</li><li>Es frecuente la presencia de los aminoácidos LL-diaminopimélico o de lisina.</li><li>Los polisácaridos están unidos por enlaces covalentes (en el caso de tenerlos) Su contenido proteico es bajo.</li><li>Posee una sola membrana.</li><li>Carece de porinas.</li></ul>	<ul><li>La red de mureína presenta una sola capa. Es extremadamente fina lo que le confiere una gran permeabilidad.</li><li>La constitución del saco de mureína es igual en todas las bacterias Gram negativas.</li><li>Contiene siempre únicamente mesodiaminopimélico.</li><li>Nunca contiene lisina.</li><li>No se encuentran puentes interpeptídicos.</li><li>Posee membrana externa e interna.</li><li>Presenta porinas.</li></ul>

Figura Nº (6): Principales diferencias en la estructura de la pared celular entre gram positiva y gram negativa.

GRAM POSITIVA

Este tipo de pared se caracteriza por la presencia de un conjunto de capas de péptidoglucano muy gruesa, que es responsable de la retención de los tintes violetas durante la tinción de Gram. Contienen además unos polialcoholes denominados ácidos teicoicos, algunos de los cuales se enlazan con lípidos para formar los llamados ácidos lipoteicoicos. Estos son responsables de enlazar el péptidoglucano a la membrana citoplasmática. Los ácidos teicoicos dan a la pared celular una carga negativa total debido a la presencia de los enlaces de fosfodiéster entre los monómeros del ácido.

Este tipo de pared celular se encuentra exclusivamente en los organismos que pertenecen a los grupos *Actinobacteria*, los cuales poseen un contenido en guanina y citosina muy alto (GC); y *Firmicutes*que, al contrario, poseen un contenido en GC más bajo respectivamente. Las bacterias del grupo *Deinococcus-Thermus* pueden también exhibir un comportamiento positivo a la tinción de Gram, debido a que su capa de mureína es ligeramente más gruesa que la que presentan los organismos gram negativos, pero en cambio posee dos membranas como estos, lo que los sitúa más cercanos al espectro negativo que al positivo.

GRAM NEGATIVA

En la actualidad, la mayoría de las bacterias que se conocen poseen una pared gram negativa. Estas cuentan con una estructura de doble membrana plasmática, interna y externa, y en medio de la cual se puede encontrar una fina capa de péptidoglicano.

La membrana interna es la membrana plasmática y presenta las características habituales de todas las bacterias y comparte algunas con las células eucariotas.

Tras ella se encuentra la capa de péptidoglicano, la cual impide que la pared celular retenga el colorante cristal violeta a la hora de la tinción.

Finalmente, la membrana externa se encuentra formada por fosfolípidos y lipopolisacáridos. Los primeros dotaran a la célula de una carga negativa que engloba a toda la pared, mientras que el segundo componente será esencial para la identificación y decisión de tratamientos, ya que estos lipopolisacáridos son específicos, lo que quiere decir que son únicos para cada cepa bacteriana. Además, ellos serán los responsables de gran parte de las características antigénicas de esas cepas bacterianas concretas.

Estos dos componentes son esenciales y representan hasta el 80% del peso seco de la pared celular, la cual necesita del ion Ca^{+2} para el mantenimiento de la estabilidad de sus capas y su correcto funcionamiento.

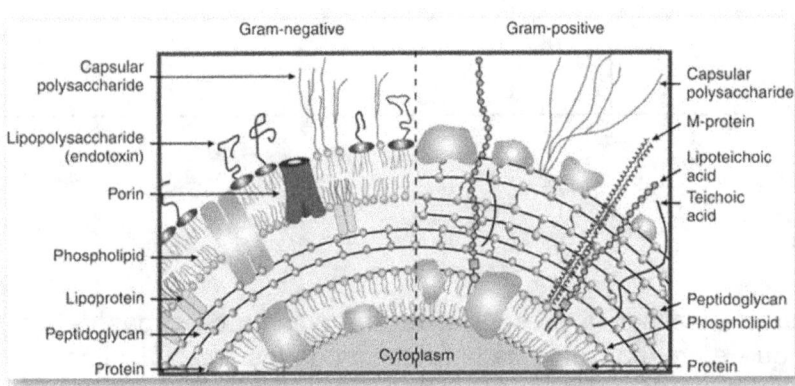

Figura Nº (7): Imagen representativa de la composición de la pared bacteriana gram positiva y gram negativa.

4.1.3 Tipos de resistencias antimicrobianas. Clasificación. (7 y 8)

Las bacterias presentan resistencias a los antibióticos debido a mutaciones cromosomales e intercambio de material genético de otras bacterias. Ocurren a través de mecanismos como:

• Transformación: Transferencia de ADN libre extracelular que procede de la lisis de otras células.
• Transducción: Transferencia de ADN cromosómico de una bacteria a otra mediante un bacteriofago.
• Transposición: Se produce un movimiento de una sección de ADN llamada trasposón, que puede tener genes que produzcan resistencia frente a distintos antibióticos. Se unen a otros genes cassetes para la expresión de un promotor concreto.
• Conjugación: Dos bacterias se intercambian material genético a través de una hebra sexuaL o contacto físico entre ellas.

Transferencia génica en bacterias

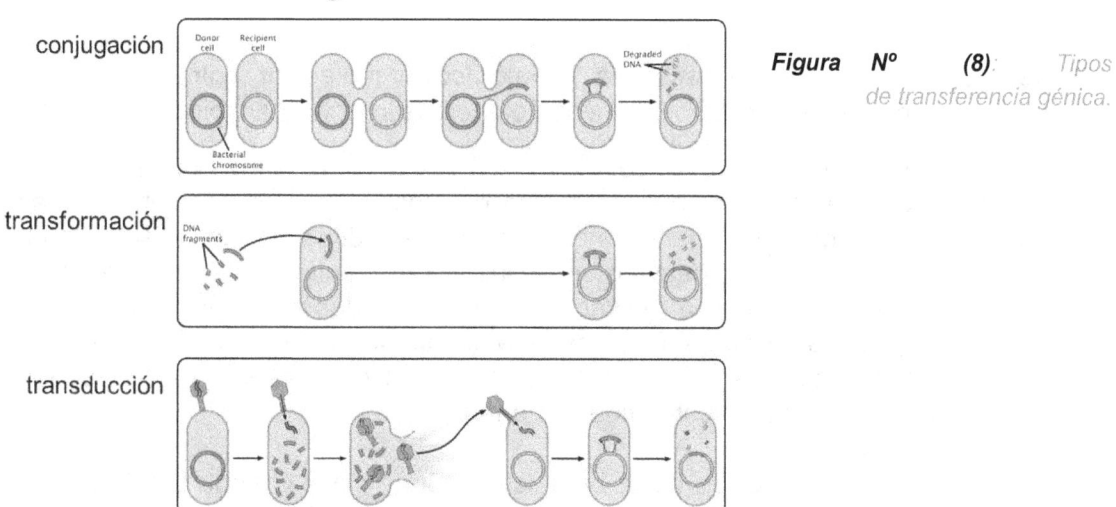

conjugación

transformación

transducción

Figura Nº (8). *Tipos de transferencia génica.*

La resistencia de las bacterias contra los microorganismos puede ser natural o adquirida. La resistencia natural es la que tiene cada familia, grupo o especie bacteriana, por ejemplo, todos los gramnegativos presentan resistencia frente a la vancomicina y no es variable.

En cambio, la adquirida es variable y la adquiere una cepa de una especie bacteriana. Esto ocurre por una alteración de la carga genética de la bacteria, ya sea por mutación cromosómica o por mecanismos de transferencia genética. Esta última puede continuar con una selección de las mutantes resistentes, aunque la transmisible es fundamental, porque está mediada por plásmidos, transposones o integrones, que pueden ir de una bacteria a otra. La resistencia adquirida de las bacterias frente a los antibióticos ocurre con el desarrollo de mecanismos que impiden al antibiótico llevar a cabo su mecanismo de acción.Por esta regla, hay cepas de neumococos resistentes a las penicilinas, y también cepas de Escherichia coli resistentes a la ampicilina. Este tipo de resistencias son las que se estudian en el laboratorio y se informan al clínico. Puede acabar en un fracaso terapéutico si se utiliza un antibiótico que se supone que es activo sobre el germen producido por la infección.

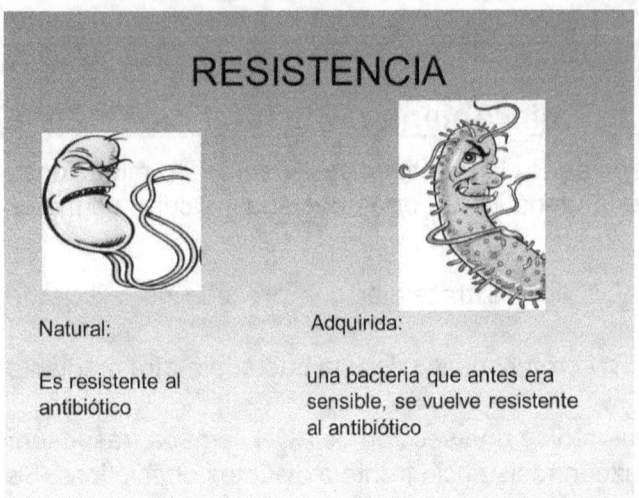

Los mecanismos de resistencia bacteriana pueden ser considerados desde distintos puntos de vista. Vamos a resaltar los tres puntos de vista fundamentales:

- **Resistencia individual**: Se refiere a la interacción molecular entre una célula bacteriana (con su metabolismo y genética característica), y un antibiótico concreto.

  Lo que se estudia aquí principalmente, son las distintas formas con las que la bacteria cuenta, para combatir la acción del antibiótico. Hay ocasiones en las que el microorganismo puede tener un gen que codifica un mecanismo de un antibiótico en particular, pero no se encuentra en cantidades suficientes para que dicho mecanismo sea activado. Estos genes deben encontrarse en una cantidad y con la calidad suficientes para que se active, incluso, hay veces que se tienen que manifestar diferentes mecanismos de resistencia e interactuar entre sí para alcanzar la sobrevida bacteriana.

  Por ejemplo, la expresión de la betalactamasa de clase C en la E.coli. El gen que la codifica está codificado de forma natural en el cromosoma de dicha bacteria, y su expresión es mínima, ya que este microorganismo no posee el promotor natural Amp-R.

  Aunque la E.coli tenga la capacidad de producir un mecanismo de resistencia bastante efectivo, al tener una escasa expresión, le microorganismo puede ser sensible a ampicilina.

- **Resistencia poblacional:** Se refiere al comportamiento in vitro del inóculo de una población bacteriana entera, al ponerlo en contacto con una concentración determinada de un antibiótico durante un periodo de tiempo.

  Los resultados finales de estos estudios darán a conocer la resistencia o sensibilidad del paciente, para que así se pueda llevar a cabo una orientación terapéutica, que no siempre acaba en éxito.

  Un paciente con infección urinaria baja, llevada a cabo por alguna cepa de E.coli, puede obtener un tratamiento eficaz con ampicilina, aunque distintos estudios in vitro han demostrado que es resistente a ella. Esto ocurre porque los betalactámicos se concentran mucho más en la vejiga que en el plasma, así que son capaces de llegar a niveles en los que sobrepasan las posibilidades de resistencia bacteriana.

En el caso contrario, los cocos grampositivos sensibles a eritromicina in vitro, no pueden ser eliminado con este antibiótico si está produciendo una bacteriemia, debido a que la concentración de macrólidos en plasma en insuficiente.

- **<u>Resistencia poblacional en microorganismos que están produciendo una infección:</u>** Aquí entran en juego otros factores como el estado inmunológico del paciente, tamaño del inóculo bacteriano, sitio de infección, propiedades farmacocinéticas del antibiótico etc. La recuperación del paciente es lo que determina la efectividad del tratamiento.

Hay diversos motivos por los que los antibióticos inhiben el crecimiento o causa muerte de las bacterias, influyen las células diana afectadas.

La pared celular puede estar afectada. La daptomicina y las polimixinas son principalmente las que afectan a la membrana citoplasmática. La síntesis de proteínas puede ser bloqueada por distintas estructuras que afectan a diversas fases como en la activación, iniciación, elongación o fijación del complejo aminoácido-ARNt al ribosoma. El metabolismo de ácidos nucléicos puede ser afectado por distintas causas.Las sulfamidas y el trimetoprim son los principales antimicrobianos capaces de bloquear el metabolismo de una bacteria, pueden bloquear sus mecanismos de resistencia, por lo que si se usan junto a otros antimicrobianos, se puede intensificar la acción de estos últimos. De este grupo en clínica se suelen usar las B-lactamasas.

Desde el punto de vista molecular, el uso en clínica de los antimicrobianos actúa inhibiendo la síntesis de pared bacteriana, además altera la integridad de la membrana del citoplasma, evitando así que se produzca la síntesis de proteínas o que se lleven a cbo las funciones de los ácidos nucléicos.

Existen otros antimicrobianos cuya función es proteger compuestos de las enzimas hidrolíticas de las bacterias, como la B-lactamasa.

Teniendo en cuenta su efecto antibacteriano, los antimicrobianos se han clasifican en bactericidas, cuya acción es letal para las bacterias, o bacteriostáticos, inhiben de forma transitoria el crecimiento bacteriano.

Cada grupo de antibióticos tiene su forma de actuar, dependiendo de la concentración que alcance un antibiótico a la diana y de su afinidad con esta, puede comportartse como bacteriostático o bactericida. Los bactericidas son los antimicrobianos cuya actuación consiste en inhibir la síntesis de la pared, alterandola o interfiriendo en el metabolismo del ADN. Y los bacteriostáticos inhiben la síntesis de proteínas, excepto aminoglucósidos. Teniendo en cuenta mecanismo de acción y estructura química, los principales grupos de antimicrobianos de interés son:

ANTIMICROBIANOS QUE INHIBEN LA SÍNTESIS DE LA PARED BACTERIANA:

"La pared celular protege la integridad anatomofisiológica de la bacteria y soporta su gran presión osmótica interna (mayor en las bacterias grampositivas). La ausencia de esta estructura condicionaría la destrucción del microorganismo, inducida por el elevado gradiente de osmolaridad que suele existir entre el medio y el citoplasma bacteriano. Los antibióticos que inhiben la síntesis de la pared necesitan para ejercer su acción que la bacteria se halle en crecimiento activo, y para su acción bactericida requieren que el medio en que se encuentre la bacteria sea isotónico o hipotónico, lo que favorece el estallido celular cuando la pared celular se pierde o se desestructura. Suelen ser más activos sobre las bacterias grampositivas por su mayor riqueza en peptidoglucano. En general, son poco tóxicos por actuar selectivamente en una estructura que no está presente en las células humanas. La síntesis de la pared celular se desarrolla en 3 etapas, sobre cada una de las cuales pueden actuar diferentes compuestos: la etapa citoplásmica, donde se sintetizan los precursores del peptidoglucano; el transporte a través de la membrana citoplásmica, y la organización final de la estructura del peptidoglucano, que se desarrolla en la parte más externa de la pared." (Jorge Calvo y Luis Martínez-Martínez 2008)

ANTIMICROBIANOS QUE INHIBEN LA SÍNTESIS DE LA PARED BACTERIANA		
INHIBIDORES DE LA FASE CITOPLASMÁTICA	Fosfomicina	Cicloscerina
INHIBIDORES DE LA FASE DE TRANSPORTE DE PRECURSORES	Bacitracina	Mureidomicinas
INHIBIDORES DE LA ORGANIZACIÓN ESTRUCTURAL DEL PEPTIDOGLICANO	Betalactámicos	Glucopéptidos

Figura N° (10): *Tabla resumen de los antimicrobianos que inhiben la síntesis de la pared bacteriana en función a la fase que inhiben.*

- Inhibidores de la fase citoplasmática: En el citoplasma de las bacterias se sintetizan los precursores del peptidoglucano. Son la fosfomicina y la cicloscerina.

- Inhibidores de la fase de transporte de precursores: Un transportador lipídico hace que el precursor undecaprenilfosfato, formado en el citoplasma, atraviese la membrana citoplasmática, donde termina de formarse por la adición de Nacetilglucosamina. En esta actúan la bacitracina y las mureidomicinas.

- Inhibidores de la organización estructural del peptidoglicano: Los precursores que provienen del peptidoglucano se ensamblan con ayuda de las proteínas fijadoras de penicilina. Actúan los glucopéptidos y los B-lactámicos.

ANTIMICROBIANOS QUE BLOQUEAN MECANISMOS DE RESISTENCIA

ANTIMICROBIANOS QUE BLOQUEAN MECANISMOS DE RESISTENCIA	
INHIBIDORES DE B-LACTAMASA	Sulbactam
	Ácido clavulánico
	Tazobactam

Figura Nº (11). *Antimicrobianos inhibidores de b-lactamasa.*

No tienen acción bacteriana intrínseca, se unen de forma irreversible a Blactamasas concretas. Así protege a los B-lactámicos de su acción. Sulbactam es activo contra A.baumanii.

ANTIBIÓTICOS ACTIVOS EN LA MEMBRANA CITOPLASMÁTICA

Hay algunas sustancias que alteran la membrana celular, provocando de esta manera la salida de iones potasio, que son esenciales para la vida bacteriana. También puede provocar la entrada de otros iones que pueden alterar el metabolismo bacteriano normal si se encuentran en concentraciones elevadas.

Este tipo de antimicrobianos pueden tener una elevada toxicidad sobre las células humanas, pues comparten ciertos componentes de la membrana del citoplasma. En este grupo se incluyen: Polimixinas, lipopéptidos, antibióticos poliénicos (activos frente a hongos) y 2 grupos con poco interés clínico que son los iónoforos y los formadores de poros.

ANTIBIOTICOS INHIBIDORES DE LA SÍNTESIS PROTÉICA

La gran parte de estos antibióticos poseen actividad bacteriostática, aunque los aminoglucósidos actúan como bactericidas. Que la acción sea bacteriostática o bactericida, dependerá de las concentraciones del antimicrobiano y del microorganismo afectado.

- Inhibidores de la fase de activación.

- Muciprocina: Es un bacteriostático que se obtiene de especies de Pseudomonas spp. Es especialmente potente frente a gram positivos. Se usa sobre todo en el tratamiento de infecciones cutáneas o para erradicar el estado de portador de S. aureus.

- Inhibidores de la síntesis proteica.

- Oxazolidinonas: Es una de los antimicrobianos que se ha incorporado a la práctica clínica. Este tipo de antibióticos tiene un mecanismo singular, pues al actuar en una diana distinta no hay resistencia cruzada con otros antibióticos que inhiban también la síntesis proteica.

- El linezolid es bacteriostático frente a bacterias gram positivas y presenta actividad frente a las bacterias gram negativas.

- Aminoglucósidos: Son compuestos naturales que se obtienen a partir de actinomicetos del suelo o de productos derivados de ellos semisintéticos.

- Inhibidores de la fijación del aminoacil-ARNt al ribosoma

- Tetraciclinas: Son moléculas naturales o semisintéticas con núcleo hidronafteno. que contiene cuatro anillos fundidos al que se unen diferentes radicales libres, lo que dará lugar a distintos tipo de tetraciclinas.

- El más usado es la doxiciclina, en España también tenemos disponibles tetraciclina, oxitetraciclina y minociclina. Son ejemplos de antibiótico de amplio espectro, pues tienen actividad tanto en gram positivos como en gram negativos. También son activas frente a micobacterias atípicas, coxiella burnetii, micoplasmas, clamidias, espiroquetas etc.

- Glicilciclinas: Son compuestos sintéticos que derivan de las tetraciclinas. La tigeciclina posee un amplio espectro al igual que las tetraciclinas, pero es más potente y activa contra bacterias con modificaciones ribosómicas resistentes a las mismas. Incluye Staphylococcus aureus resistente a meticilina, enterococos resistentes a glucopéptidos, S. pneumoniae multirresistente, y distintas bacterias gram negativas que son resistentes a otros compuestos.

- Inhibidores de la elongación.

- Anfenicoles: El cloranfenicol y su derivado, el tianfenicol, son bacteriostáticos. Tienen un amplio espectro de actividad frente a gram negativos, gram positivos y anaerobios. En su espectro se incluyen neisserias, clamidias, rickettsias, micoplasmas, Haemophilus spp. y espiroquetas.

- Lincosamidas: La principal es la clindamicina, que es un derivado semisintéticos de la lincosamida. Generalmente son bacteriostáticos aunque también pueden ser bactericidas, esto dependerá de su concentración y del microorganismo. Es activa contra gram positivas excepto microorganismos anaerobios y enterococos. También es activa contra protozoos como Plasmodium spp. o Toxoplasma gondii. No activas frente a enterobacterias, Pseudomonas spp. etc.

- Macrólidos y cetólidos: Son un grupo de antimicrobianos caracterizados por la presencia de un anillo lactónico macrocíclico al que se unen uno o varios azúcares. Activos frente a gram positivas. La eritromicina es menos activa contra los gram positivos que la azitromicina, pero más activa frente a gram negativos. Apenas activos contra enterobacterias y P. aeruginosa, aunque parecen tener utilidad (sobre todo, azitromicina) para el tratamiento de infecciones respiratorias crónicas por P. aeruginosa.

- Estreptograminas: Forman grupo de antimicrobianos con estructura compleja formada por una macrolactona y un polipéptido cíclico. Los dos compuestos actúan de forma sinérgicamente bactericida, bloqueando así la acción de la peptidil transferasa en diferentes puntos.

- Ácido fusídico: Puede ser bacteriostático o bactericida según la concentración y el microorganismo. Tiene un espectro reducido a gram positivos como S. epidermidis,

Clostridium spp., Corynebacterium spp, S. aureus. También puede ser activo frente a gonococos, meningococos y algunos protozoos.

ANTIBIOTICOS QUE ACTUAN EN EL METABOLISMO O LA ESTRUCTURA DE ACIDOS NUCLÉICOS:

"El genoma bacteriano contiene información para la síntesis de proté inas que se transmite a través del ARN mensajero producido a partir del molde de ADN (transcripción), y para la síntesis de ARN riboso mico que formará parte de los ribosomas bacterianos. La información del ADN debe duplicarse (replicación) cuando la bacteria se divide, para transmitir esta información a la descendencia. La replicación y la transcripción del ADN se realizan en varias fases con la participación de diferentes enzimas y sustratos, además del ADN molde, que constituyen dianas para la acción de diversos antibióticos. Dentro de este grupo incluimos las rifamicinas y las quinolonas que actúan en enzimas que participan en los procesos de transcripción y replicación, y los nitroimidazoles y nitrofuranos que actúan directamente sobre el ADN, danándolo. Por lo general, los antibióticos de este grupo no son particularmente selectivos en su acción y comportan cierta toxicidad para las células eucarióticas. La mayoría de los antibióticos que actúan sobre el ADN son bactericidas rápidos y normalmente independientes del inóculo y de la fase de crecimiento bacteriano." (Jorge Calvo y Luis Martínez-Martínez 2008)

- Rifamicinas: Es un derivado semisintético de la rifamicina B. Tiene actividad bactericida frente a gram positivos, Neisseria spp., Mycobacterium spp. y Chlamydia spp.

- Quinolonas: Constituyen actualmente junto a los B-lactámicos, los antibióticos de mayor uso. Se han clasificado en generaciones según su espectro de actividad y propiedades farmacocinéticas.

- Nitroimidazoles: Son un amplio grupo de los cuales son más importantes: Tinidazol, ornidazol y metronidazol. Activos frente a clostridium spp., microorganismos anaerobios gram negativos y microaerofílicos y protozoos.

- Nitrofuranos: La nitrofurantoína es el antibiótico que representa este grupo, se usa como antiséptico urinario.

BLOQUEO DE LA SÍNTESIS DE LOS FACTORES METABÓLICOS:

Como las sulfamidas y las diaminopirimidinas, que son antibióticos que no afectan a las células humanas, obtienen ácido fólico de la dieta. De este grupo se usa en clínica, sulfametoxazol (asociado a trimetoprima), sulfisoxazol, suladiazina, sulfacetamida, etc.

4.1.4 Tipos de antibióticos. Estructuras que atacan.

En este apartado vamos a hablar de los distintos tipos de antibióticos dependiendo de que parte de la célula inhiben.

Inhibe	Tipo de antibióticos
Síntesis de la pared celular	Betalactámicos: - Penicilinas. - Cefalosporinas. - Barbapenémicos. - Monobactámicos. Polipeptídicos: - Bacitracina. - Vancomicina. Isoniazida.
Síntesis de proteínas	Cloranfenicol. Aminoglucósidos. Macrólidos. Tetraciclinas. Clindamicina.
Metabolismo del ácido fólico	Sulfonamidas. Trimetoprim.
Síntesis de ácidos nucleicos	Rifamicinas.
Alteración de la membrana plasmática	Polimixina B.

Figura N° *Tipos de antibi· sticos y partes que inhiben.*
(12)

Inhiben la síntesis de la pared:

- Betalactámicos: grupo de antibióticos de origen natural o sintético que se caracterizan por poseer en su estructura un anillo betalactámico. Inhiben la última etapa de la síntesis de la pared bacteriana y son la familia más numerosa de antimicrobianos y la más utilizada en la práctica clínica. Su espectro se ha ido ampliando debido a la incorporación de nuevas moléculas con mayor actividad. Dicho espectro incluye bacterias grampositivas, gramnegativas y espiroquetas, pero no son activos sobre los micoplasmas porque estos carecen de pared celular y tampoco con activos sobre las bacterias intracelulares como *Chlamydia* y *Rickettsia*.

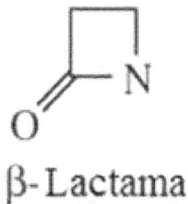

Figura N° (13): Anillo betalactámico

Se pueden clasificar en:

o Penicilinas:

Grupo de antibióticos de origen natural y semisintéticos que contiene el núcleo de ácido 6-aminopenicilánico, anillo betalactámico unido a un anillo tiazolidínico, y las diferentes penicilinas se diferencian entre si gracias a este anillo. Los compuesto de origen natural son producidos por diferentes especies de *penicillum spp*.

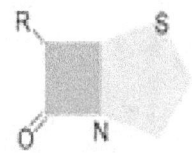

Anillo tiazolidínico   Ácido 6-aminopenicilánico   PENICILINAS

Figura N° (14): Imagen representativa de cómo se forma el anillo que componen a las penicilinas.

Las diferentes penicilinas que existen son las siguientes:

	Vías de utilización
Penicilinas naturales: - Penicilina G se absorbe bien. Adecuada para el tratamiento de infecciones por gérmenes extremadamente sensibles como Streptococcus pyogenes y el tratamiento de la sífilis. - Penicilina V resiste a la inactivación gástrica y se absorbe mucho mejor.	Inyección intramuscular (IM). Vía intravenosa (IV). Vía oral (VO).
Aminopenicilinas: - Ampicilina se absorbe mejor. - Amoxicilina	IM, IV VO
Penicilinas resistentes a penicilasas: son resistentes al ácido gástrico - Cloxacilina - Oxacilina - Dicloxacilina	 VO VO,IM,IV VO

Carboxipenicilinas: - Ticarcilina	IM,IV
Ureidopenicilinas: - Piperacilina	IM,IV

Figura   N°5): *Tipos de penicilinas y vías de utilización.*
(1

En la sangre los betalactámicos circulan como sustancias libres o unidas a las proteínas plasmáticas. Los betalactámicos tiene una penetración intracelular escasas, nunca sus concentraciones son mayores del 25%-50% de las concentraciones plasmáticas. Su vida media sérica se puede ver prolongada al bloquear la excreción renal con la administración de probenecid.

o Cefalosporinas:

Grupo de antibióticos de origen natural derivados de productos de la fermentación del *Cephalosporium acremonium* que contienen un núcleo constituido por ácido-aminocefalosporánico formado por un anillo betalactámico unido a un anillo dihidrotiazino.

Anillo dihidrotiacínico   Ácido 7 α-cefalosporínico   CEFALOSPORINAS

Figura N° (16)*: Imagen representativa del anillo dihidrotiazino.*

Las diferentes cefalosporinas que existen y sus respectivos antibióticos son las siguientes:

	Antibióticos
Cefalosporinas de primera generación: son muy activas frente a cocos grampositivos.	- Cefadroxil. - Cefazolina. - Cefalexina. - Cefradina.
Cefalosporinas de segunda generación	- Cefuroxime.
Cefalosporinas de tercera generación	- Cefotaxime. - Cefoperazona.
Cefalosporinas de cuarta generación	- Cefepime. - Cefpirome.

Figura   N° *Tipos de cefalosporinas.*
(17)*:*

La mayoría de las cefalosporinas son de administración parenteral aunque está aumentado la administración por vía oral como la cefalexina, cefradina, cefadroxil, etc.

Las concentraciones son abundantes en líquidos biológicos y suero. Todas las cefalosporinas, excepto cefoperazona de excreción biliar, se excretan por el riñón.

o Carbapenémicos:

Grupo de antibióticos betalactámicos que poseen el mayor espectro de actividad conocido.

Figura N° (19): Imagen representativa del anillo que forma a los carbapenémicos.

El primer carbapenémicos conocido y desarrollado para uso clínico es el imipenem. Es un derivado semisintético producido por *Streptomyces spp*.

Otros carbapenémicos más actuales son meropenem y ertapenem cuya actividad bactericida se extiende a cocos grampositivos.

Este tipo de antibióticos son de administración parenteral y mediante administración intravenosa se alcanzan altas concentraciones séricas en un periodo de espacio de tiempo corto. El imipenem sufre inactivación por las hidroxipeptidasas renales y para ello se combina con cilastatina (inhibidor de las hidroxipeptidasas) de manera que se logran las concentraciones séricas adecuadas. o Monobactámicos:

Grupo de antibióticos sintéticos obtenidos por ingeniería molecular. Los monobactámicos se administran sólo por vía parenteral y su concentración máxima se alcanzan en una hora.

Figura N° (20): Imagen representativa del anillo monobactamo.

El monobactámico más conocido es:

- Aztreinam: obtenido por síntesis mediante la fusión del ácido sulfámico con el aminoácido sulfámico. Además, en un antibiótico bactericida que actúa como los betalactámicos inhibiendo la síntesis de la pared celular. No tiene actividad contra las bacterias grampositivas ni anaerobios pero si tiene actividad contra bacilos aerobios gramnegativos principalmente *E. coli* y *P.aeruginosa*.

- Polipeptídicos o glicopéptidos:

    Grupo de antibióticos que actúan sobre la pared bacteriana. Inhibiendo la síntesis y el ensamblado de la segunda etapa del peptidoglicano de la pared celular mediante la formación de un complejo. Y se eliminan por vía renal.

    Los polipéptidos de uso clínico son:

    o Bacitracina:

    Antibiótico producido por una mezcla de polipéptidos cíclicos producidos por cepas de la variedad Tracy de la bacteria *Bacillus subtilis*. Inhibe la síntesis de la pared bacteriana, actuando a nivel de esta concretamente a nivel de un lípido transportador de la unidad estructural de mureína. Es bactericida con actividad preferente sobre Gram (+).

    Este tipo de antibiótico se administra por vía tópica en forma de ungüento. Debido a su toxicidad no se emplea por vía oral. Es posible que el uso prolongado ocasiona proliferación excesiva de microorganismos resistentes.

    Margaret Tracy, ingresó en el hospital con una fractura abierta en la tibia. De esta herida se tomó una muestra, se determinó la presencia de *Staphylococcus aureus* y se aisló a partir de esta muestra una cepa de un bacilo muy activo frente a *S. Aureus*, que denominaron "Tracy I". Tras realizar diversos estudios la presencia de un potente antibiótico; al cual le pusieron el nombre de bacitracina de la combinación del término "bacilo" y "tracy", apellido de esta niña.

Figura N° (21): Imagen representativa de la estructura química de la bacitracina. o

    Vancomicina:

    Antibiótico bactericida de espectro reducido que se obtiene a partir de *Streptomyces orientalis*.

    Se utiliza contra *Staphylococcus* meticilinorresistente de perfil hospitalario (SAMAR), *Staphylococcus* coagulasanegativos meticilinorresistentes, *Corynebacterium JK* y *Enterococcus* resistente a betalactámicos o aminoglucósidos.

    Si la suministramos de manera oral se absorbe poco y no se suministra por la vía intramuscular debido al fuerte dolor que provoca. Alcanza los niveles deseados en los fluidos biológicos como líquido pleural, ascítico y sinovial.

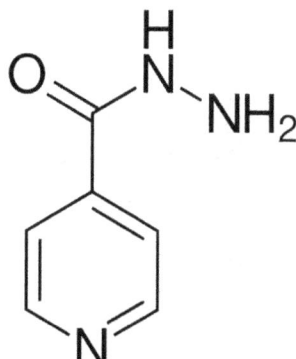

Figura Nº (22): *Imagen representativa de la estructura química de la vancomicina.*

- Isoniazida:

Antibiótico que inhibe una serie de enzimas que las micobacterias necesitan para sintetizar el ácido micólico impidiendo la formación de la pared bacteriana. Actúa fundamentalmente frente a *M.tuberculosis* y *M.bovis*. Se utiliza en el tratamiento de la tuberculosis, debido a que es más eficaz y menos tóxica que otros fármacos antituberculosos.

La isoniazida se suele administrar por vía oral y por vía intramuscular en los casos muy graves. No se recomienda utilizarla si se padece insuficiencia renal o hepática ya que puede originar crisis convulsivas. Y se elimina por la orina.

Figura Nº (23): *Imagen representativa de la estructura química de la isoniazida.*

<u>Inhiben la síntesis de proteínas</u>:

Los antibióticos se fijan a una de las 2 subunidades de los ribosomas bacterianos e inhiben la síntesis proteica.

Se los puede clasificar según 3 criterios distintos:

- Según la unidad ribosomal a la que se unen: 30s o 50s

- Según sus efectos sobre la síntesis proteica: inhibidores de la iniciación, de la elongación o inductores de la síntesis de proteínas anómalas.

- Según sean bactericidas o bacteriostáticos.

Los tipos de antibióticos que actúan sobre la subunidad menor del ribosoma y así inhiben la síntesis de proteínas son:

- Aminoglucosidicos: grupo de antibióticos que actúan sobre la subunidad menor del ribosoma, 30s, y están formados por la presencia de dos o más azúcares unidos por enlaces glucosídicos a un anillo aminociclitol. Los más conocidos son la gentamicina, amikacina y estreptomicina para el uso parenteral y son efectivos frente a algunos estafilococos.
- Tetraciclinas: grupo de antibióticos que actúan sobre la subunidad menor del ribosoma, 30s, y se obtienen a partir de varias especies de *Streptomyces* (clortetraciclina, oxitetraciclina, tetraciclina) o se pueden obtener de forma semisintética (tetraciclina, demeclociclina, metaciclina, doxiciclina y minociclina).

Los tipos de antibióticos que actúan sobre la subunidad mayor del ribosoma y así inhiben la síntesis de proteínas son:

- Cloranfenicol.
- Macrólidos.
- Clindamicina.

Inhiben el metabolismo del ácido fólico:

Los antibióticos que inhiben el metabolismo del ácido fólico actúan mediante el bloqueo del precursor de dicho ácido, ese precursor es el ácido tetrahidrofólico.

Figura Nº (24): Imagen representativa de la estructura química del ácido tetrahidrofólico.

Los antibióticos que son más conocidos en este bloque son:

- Sulfonamidas: están estructuralmente relacionadas con PABA (ácido p-aminobenzoico) y compiten con él por la enzima dihidropteroato sintetasa que interviene en el metabolismo del ácido fólico.

- Trimetoprim: grupo de antibióticos que deriva del grupo de las diaminopirimidinas. Actúa inhibiendo la síntesis de tetrahidrofolato (forma activa del ácido fólico) e inhibe el crecimiento bacteriano al interferir en la síntesis de ácidos nucleicos.

Inhiben las síntesis de los ácidos nucleicos:

Los antimicrobianos que inhiben la síntesis de los ácidos nucleicos interfieren en distintos niveles de esta:

- Pueden inhibir la síntesis de nucleótidos.

- Pueden interferir con polimerasas involucradas en la replicación y transcripción del ADN.

- Pueden interferir con la síntesis de purinas y pirimidinas.

El antibiótico más conocido es:

- Rifamicina: antibiótico que inhibe la actividad de la ARN polimerasa. El tipo de rifamicina más utilizado es la rifampicina la cual se une a subunidades de la ARN polimerasa e interfiere específicamente con la iniciación del proceso.

Alteran la membrana plasmática:

Numerosos agentes catiónicos y aniónicos pueden causar la desorganización de la membrana. Dentro de los antibióticos que actúan a este nivel, está la polimixina B antibiótico polipeptídico producido por una cepa de Bacillus polymyxa. Tiene un efecto detergente que altera la membrana. Dicho antibiótico es eficaz contra todos los bacilos gramnegativos excepto con el *Proteus sp*.

4.1.5 Pruebas de laboratorio.

4.1.5.1 Tipos y explicación de las pruebas.

Los métodos más frecuentemente utilizados en Microbiología Clínica para la determinación de la sensibilidad de las bacterias a los antibióticos se basan en un estudio fenotípico, observando el crecimiento bacteriano de una cepa incubada en presencia del antibiótico a estudiar mediante la realización de pruebas in vitro. Para la determinación de la sensibilidad a los antibióticos existen una serie de técnicas, entre las cuales encontramos técnicas rutinarias como el antibiograma.

Existe un considerable número de técnicas instrumentales que permiten llevar a cabo un antibiograma rápido. A continuación, se exponen las bases de cada una de estas técnicas y sus resultados.

4.1.5.1.1- Métodos de difusión

A -Difusión en agar (Técnica de Bauer & Kirby)

Esta técnica es cualitativa y sus resultados se pueden interpretar como sensible, intermedio o resistente, y está diseñada específicamente para bacterias de crecimiento rápido como el *Staphylococcus* spp. o *Enterobacteriaceae.*

La técnica del antibiograma consiste en depositar, en la superficie de agar de una placa de petri previamente inoculada con el microorganismo, discos de papel secante impregnados con los diferentes antibióticos de forma que el disco impregnado de antibiótico se pone en contacto con la superficie húmeda del agar haciendo que el filtro absorba agua y el antibiótico difunda sobre el agar.

El antibiótico difunde radialmente a través del espesor del agar a partir del disco formándose un gradiente de concentración. Transcurridas unas 24 horas de incubación los discos aparecen rodeados por una zona de inhibición. La concentración de antibiótico en la interfase entre bacterias en crecimiento y bacterias inhibidas se conoce como concentración crítica y se aproxima a la concentración mínima inhibitoria (CMI) obtenida por métodos de dilución. Sin embargo, los métodos disco-placa no permiten una lectura directa del valor de la CMI. Para cuantificarla, basta con haber contrastado previamente este sistema con un gran número de cepas de CMI conocidas que han estado previamente determinadas por otros métodos de determinación de la sensibilidad a los antimicrobianos (ej.: método de microdilución).

Se mide el diámetro de la zona de inhibición obtenida por cada una de tales cepas, de forma que existen unos diámetros de inhibición, expresados en mm, estandarizados para cada antimicrobiano. La lectura de los halos de inhibición debe interpretarse como sensible (S), intermedia (I) o resistente (R) según las categorías establecidas por el EUCAST.

El antibiograma está indicado cuando se aísla una bacteria responsable de un proceso infeccioso y no puede predecirse su sensibilidad, especialmente si se sabe que este tipo de bacteria puede presentar resistencia a los antimicrobianos más habituales.

Las ventajas de este método es que es fácil de realizar, rápido y barato, siendo una metodología aplicable a una amplia variedad de bacterias, fundamentalmente bacterias aerobias no exigentes de crecimiento rápido.

Por el contrario, podemos encontrar desventajas como el hecho de que brinda sólo información cualitativa y que esta técnica debe ser modificada para poderla emplear en organismos difíciles o de crecimiento lento como *Haemophilus influenzae, Neisseria meningitidis, Neisseria gonorrhoecae, Streptococcus pneumoniae y Moraxella catarrhalis.*

A- Materiales.

- Tubos con suero fisiológico (0,85 g de NaCl en 100 ml de agua destilada estéril).
- Escobillones estériles.
- Medio de cultivo. Se utiliza agar Mueller-Hinton, el cual posee una concentración baja de iones divalentes. Este medio es el recomendado por la NCCLS porque en él crecen bien la mayor parte de las bacterias patógenas, hay muy pocas diferencias entre los distintos lotes comercializados, lo que ayuda a una estandarización entre laboratorios, y además no contiene timina o timidina, que son inhibidores de sulfamidas y del trimetoprim. El pH del medio debe ajustarse entre 7,2-7,4 y debe almacenarse a 2-8°C. El medio debe dejarse a temperatura ambiente unas dos horas antes de utilizarlo.

Se utilizan dos clases de agar Muellen Hinton. El Agar Mueller-Hinton E es un agar compatible para la utilización de Etest® y conforme con las directrices de EUCAST®. Este Agar posibilita el crecimiento de microorganismos no difíciles (enterobacterias, bacilos gram negativos no fermentadores, estafilococos y enterococos) presentes en patologías humanas y también mejora de la detección de cepas de SARM-mecC.

El agar Mueller-Hinton F está compuesto por un 5 % sangre de caballo y 20 mg/l de β-nicotinamida adenina dinucleótido. Este Agar (MHF) posibilita el crecimiento de microorganismos difíciles presentes en patologías humanas (*neumococos*, otros *estreptococos, Haemophilus, Moraxella*). También está desarrollado según las recomendaciones del EUCAST®.

- Discos de antibióticos. Se deben guardar a 4°C y dejarlos a temperatura ambiente 1 hora antes de utilizarlos. Los discos se congelarán si son antimicrobianos betalactámicos y ha de transcurrir más de una semana hasta su utilización. Por regla general, se recomienda reemplazar los discos de beta-lactámicos que están refrigerados con aquellos que se encuentran congelados. Para evitar el deterioro de los discos debemos evitar someterlos a humedad o a frecuentes cambios de temperatura. Si se utiliza dispensador, éste debe tener una tapa muy ajustada y un desecante, que será substituido cuando por exceso de humedad cambie de color el indicador. El dispensador debe mantenerse refrigerado cuando no se vaya a utilizar y se debe desinfectar con alcohol cada vez que se dispense en una placa diferente.

B- Procedimiento

1. Preparación del inóculo.

·Método de suspensión directa de colonias. Se deben coger de 3 a 5 colonias iguales de la placa de cultivo de 18 a 24 horas y sembrarlas en 5 ml de suero salino fisiológico. Se agita en vortex unos 10 segundos y prosigue hasta conseguir una turbidez del 0.5 de la escala de MacFarland. Si la turbidez es inferior se cogen una o dos colonias más. Por el contrario, si la turbidez es superior se realiza el ajuste necesario con suero salino estéril. Este método es el más adecuado para microorganismos de crecimiento difícil en medios líquidos (Haemophilus spp., N. gonorrhoeae, S. pneumoniae, estrepococos no enterococos, Listeria, Moraxella y Corynebacterium spp.) y para estafilococos en los que se quiera detectar la resistencia a oxacilina.

Como control del inóculo se utiliza un MacFarland 0.5 el cual deberá estar preparado. Para prepararlo se emplea 0.5 ml de 0.048 M de $BaCl_2$ (1,175% $BaCl_2+2H_2O$) en 99,5 ml de 0.18 M H_2SO_4 (1% v/v) con agitación constante. La absorción a 625 nm ha de estar entre 0.08 y 0.10 (comprobar cada mes). Se guardan alícuotas de 4 a 6 ml en la oscuridad y a temperatura ambiente.

2. Inoculación de las placas.

Después del ajuste del binóculo introducimos un escobillón dentro de la suspensión y al retirarlo rotamos varias veces contra la pared del tubo por encima del nivel del líquido con la finalidad de eliminar el exceso de inóculo. Para la realización de ATB de un hemocultivo solo basta con pinchar la parte superior del tubo con una aguja estéril y con cuidado dejar caer una gota en el centro de la placa.

Posteriormente inoculamos las placas completamente, sin dejar ninguna zona libre. Para ello deslizamos el escobillón por la superficie del agar tres veces, rotando la placa unos 60º cada vez y pasándola por último por la periferia del agar para conseguir una siembra uniforme. Finalmente colocamos la tapa y dejamos secar de 3 a 5 minutos antes de depositar los discos.

3. Dispensación de los discos.

Los discos se pueden colocar los discos con los dispensadores o manualmente con pinzas esterilizadas. Se debe asegurar de que contacten perfectamente con la superficie del agar, por lo que deben presionarse ligeramente sobre la superficie. No deben situarse a menos de 15 mm del borde de la placa, y han de estar distribuidos de forma que no se produzca superposición de los halos de inhibición.

Se usan tres dispensadores con discos específicos para los cocos, bacilos 1 y bacilos 2. El dispensador de discos para cocos contiene 7 discos, los cuales son la cefoxitina (FOX 10), ciprofloxacin (CIP 5), Trimetoprim-sulfametoxazol (SXT 25), (PNG 1), eritromicina (ERY 15), rifampicina (RIF 5) y clindamicina (CMN 2). El disco de eritromicina se debe colocar con pinzas estériles a una distancia de 1 cm con el disco de clindamicina, ya que estos dos antibióticos actúan en conjunto.

El dispensador de discos para bacilos 2 contiene 7 discos de antibióticos, los cuales son la amikacina (AKN 30), gentamicina (GMN 10), ciprofloxacin (CIP 5), cefepima (FEP 30), (COX 5), Imipenem (IPM 10) y cefoxitina (FOX 30). El disco de amoxicilina (AMC 30) se debe colocar con pinzas estériles entre el disco de cefepima y COX.

Por último, el dispensador de discos para bacilos 3 contiene 7 discos de antibióticos, los cuales son la cefepima (FEP 30), sulfametoxazol/trimetoprima (SXT 25), aztreonam (ATM 30), meropenem (MEM 10), levofloxacin (LVX 5), ceftazidima (CZD 10) y piperacilina-tazobactam (PTZ 34).

Una vez colocados los discos correspondientes debemos incubar las placas de forma invertida a 37°C en atmósfera aeróbica unas 24 horas.

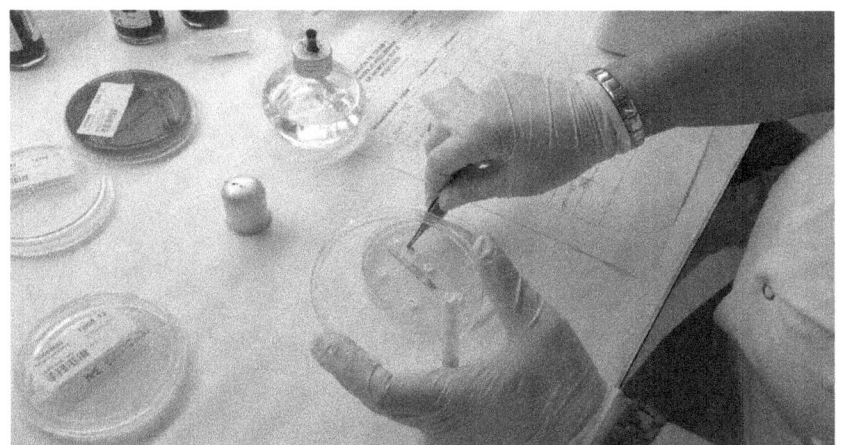

Figura N° (25): Colocación manual de los discos de antibiograma.

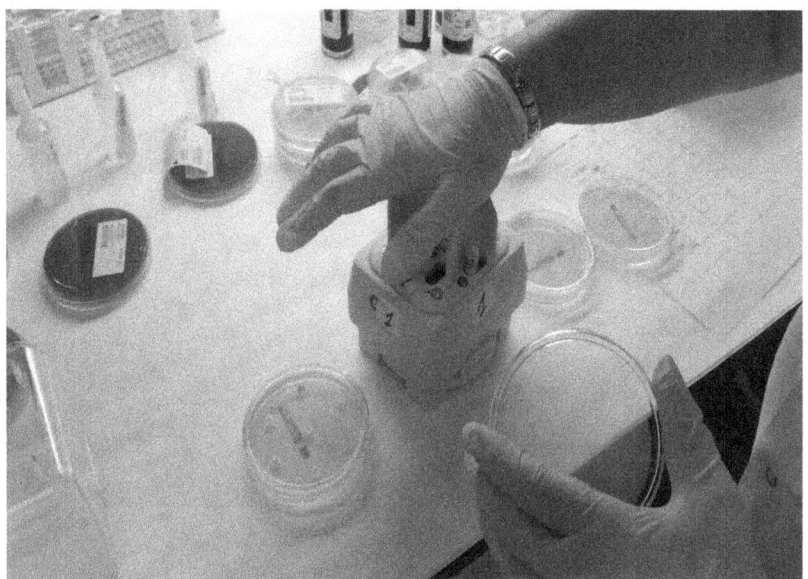

Figura N° (26): Colocación de los discos de antibiograma mediante el uso del dispensador automático.

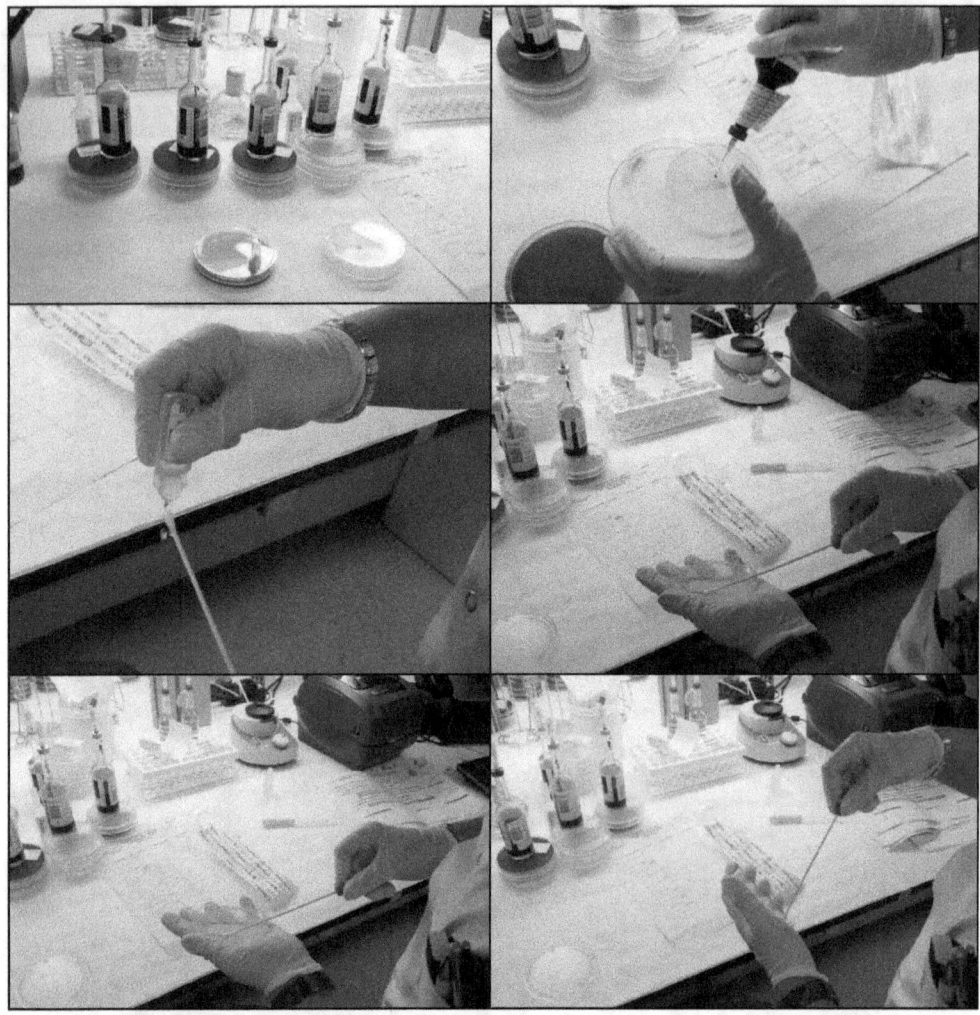

Figura Nº (27): *Procedimiento de inoculación previo a la dispensación de los discos de antibiograma.*

C- <u>Lectura de los resultados</u>.

Se realiza 24 horas después de la incubación. Se mide el diámetro de las zonas de completa inhibición con una regla. Si el microorganismo es un estafilococo o un enterococo debemos esperar 24 horas para asegurar la sensibilidad a la oxacilina y vancomicina. Las zonas de los medios transparentes se miden sobre el reverso de la placa y los medios que contienen sangre sobre la superficie del agar. Cuando aparecen colonias dentro del halo de inhibición, puede tratarse de mutantes resistentes, contaminaciones, poblaciones heterogéneas o cultivos mixtos y conviene volver a identificarlas y realizar otra vez el antibiograma. Como regla general, no debe considerarse aquellas colonias diminutas que aparecen en el halo de inhibición y que han sido visualizadas mediante luz transmitida o con ayuda de una lupa, a excepción de estafilococos resistentes a oxacilina o enterococos resistentes a vancomicina.

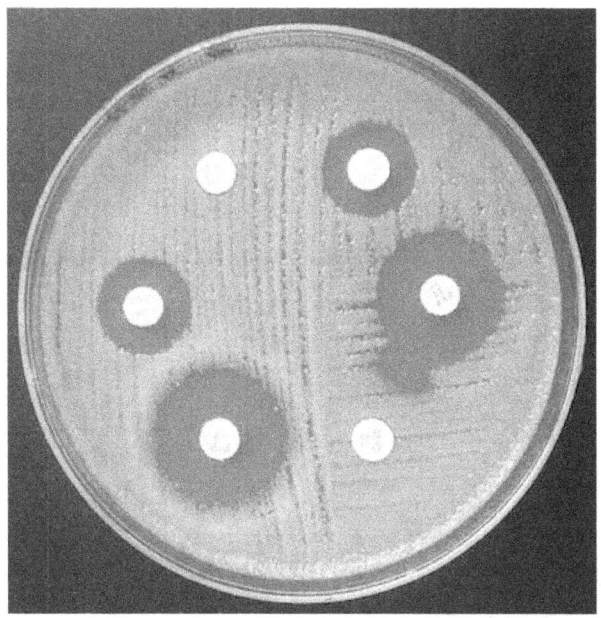

Figura Nº (28): *Antibiograma por difusión con discos en el que se observa la presencia de halos de inhibición.*

D- Interpretación.

Comparando los diámetros del halo de inhibición con las CMIs, y estableciendo las correspondientes rectas de regresión, se han fijado unos criterios para clasificar las cepas estudiadas. De esta forma se han fijado tres categorías: sensible (S), intermedia (I) y resistentes (R). Anteriormente se añadía la categoría moderadamente sensible (MS) que tiende a eliminarse y los resultados correspondientes a la misma se han situado en la categoría de intermedia. Las interpretaciones seguirán las normas establecidas por el EUCAST.

El término sensible indica que la infección ocasionada por la cepa para la que se ha determinado la CMI o su correspondiente halo de inhibición puede tratarse de forma adecuada empleando las dosis habituales de antimicrobiano, en función del tipo de infección y de la especie considerada.

El término intermedio indica que el halo de inhbición traducido en valores de CMI se aproxima a las concentraciones de antimicrobiano alcanzables en sangre o tejidos y que puede esperarse eficacia clínica en aquellas localizaciones en las que se alcanzan altas cocentraciones de antimicrobiano o cuando se emplean dosis más elevadas de lo habitual. El NCCLS también incluye en esta categoría aquellos casos de antimicrobianos con márgenes de toxicidad estrechos en los que pequeños errores técnicos podrían suponer cambios de interpretación en la categoría clínica. Finalmente, el término resistente se refiere a aquellos microorganismos que no se inhiben por las concentraciones habitualmente alcanzadas en sangre/tejidos del correspondiente antimicrobiano, o a aquellos microorganismos en los que existen mecanismos de resistencias específicos para el agente estudiado en los que no ha habido una adecuada respuesta clínica cuando se ha usado como tratamiento el correspondiente antimicrobiano.

MIC determination (broth microdilution according to ISO standard 20776-1 except for mecillinam and fosfomycin where agar dilution is used)
Medium: Mueller-Hinton broth
Inoculum: 5x10^5 CFU/mL
Incubation: Sealed panels, air, 35±1°C, 18±2h
Reading: Unless otherwise stated, read MICs at the lowest concentration of the agent that completely inhibits visible growth.
Quality control: *Escherichia coli* ATCC 25922. For agents not covered by this strain and for control of the inhibitor component of beta-lactam inhibitor combinations, see EUCAST QC Tables.

Disk diffusion (EUCAST standardised disk diffusion method)
Medium: Mueller-Hinton agar
Inoculum: McFarland 0.5
Incubation: Air, 35±1°C, 18±2h
Reading: Unless otherwise stated, read zone edges as the point showing no growth viewed from the back of the plate against a dark background illuminated with reflected light.
Quality control: *Escherichia coli* ATCC 25922. For agents not covered by this strain and for control of the inhibitor component of beta-lactam inhibitor-combination disks, see EUCAST QC Tables.

* Recent taxonomic studies have narrowed the definition of the family Enterobacteriaceae. Some previous members of this family are now included in other families within the Order Enterobacterales. Breakpoints in this table apply to all members of the Enterobacterales.

Penicillins[1]	MIC breakpoints (mg/L)			Disk content (µg)	Zone diameter breakpoints (mm)			Notes
	S ≤	R >	ATU		S ≥	R <	ATU	Numbered notes relate to general comments and/or MIC breakpoints. Lettered notes relate to the disk diffusion method.
Benzylpenicillin	-	-			-	-		1/A. Wild type Enterobacterales are categorised as susceptible to aminopenicillins. Some countries prefer to categorise wild-type isolates of *E. coli* and *P. mirabilis* as "Susceptible, increased exposure". When this is the case, use the MIC breakpoint S ≤ 0.5 mg/L and the corresponding zone diameter breakpoint S ≥ 50 mm.
Ampicillin	8[1]	8		10	14[A,5]	14[5]		2. For susceptibility testing purposes, the concentration of sulbactam is fixed at 4 mg/L.
Ampicillin-sulbactam	8[1,2]	8[2]		10-10	14[A,5]	14[5]		3. For susceptibility testing purposes, the concentration of clavulanic acid is fixed at 2 mg/L.
Amoxicillin	8[1]	8		-	Note[C]	Note[C]		4. For susceptibility testing purposes, the concentration of tazobactam is fixed at 4 mg/L.
Amoxicillin-clavulanic acid	8[1,3]	8[3]		20-10	19[A,8]	19[8]	19-20	5. Breakpoints still under consideration.
Amoxicillin-clavulanic acid (uncomplicated UTI only)	32[1,3]	32[3]		20-10	16[A,8]	16[8]		6. Agar dilution is the reference method for mecillinam MIC determination.
Piperacillin	8	16		30	20	17		
Piperacillin-tazobactam	8[4]	16[4]	16	30-6	20	17	17-19	B. Ignore growth that may appear as a thin inner zone on some batches of Mueller-Hinton agars.
Ticarcillin	8	16		75	23	20		C. Susceptibility inferred from ampicillin.
Ticarcillin-clavulanic acid	8[3]	16[3]		75-10	23	20		D. Ignore isolated colonies within the inhibition zone for *E. coli*.
Temocillin	Note[5]	Note[5]			Note[5]	Note[5]		
Phenoxymethylpenicillin	-	-			-	-		
Oxacillin	-	-			-	-		
Cloxacillin	-	-			-	-		
Dicloxacillin	-	-			-	-		
Flucloxacillin	-	-			-	-		
Mecillinam (uncomplicated UTI only) *E. coli, Klebsiella* spp. (except *K. aerogenes*), *Raoultella* spp. and *P. mirabilis*	8[6]	8[6]		10	15[D]	15[D]		

***Figura Nº (29)**: Tablas del EUCAST con resultados de Enterobacterias respecto a la resistencia a las penicilinas.*

B- Método del Epsilon Test

La Prueba Épsilon (Etest) es un método utilizado para determinar de forma fiable la sensibilidad antimicrobiana, mediante una expansión de la técnica de difusión en disco.

Consiste en una tira de plástico no poroso de 6 cm de largo por 5 mm de ancho que incorpora un gradiente definido y continuo de antimicrobiano que equivale a 15 diluciones seriadas. Mediante este método podemos, mediante lectura directa, determinar la concentración inhibitoria mínima (CMI).

A-Procedimiento

El protocolo para preparar el inóculo es el mismo que para la difusión en disco. Siguiendo el método de difusión, una vez inoculado la placa de agar con el microorganismo, se coloca la tira de Etest sobre su superficie, produciéndose de forma inmediata una difusión del antibiótico desde el soporte hasta el agar, creándose de este modo a lo largo de la tira un gradiente exponencial de las concentraciones del antimicrobiano. Tras la incubación de las placas a 37ºC durante 24h, se puede observar una zona de inhibición elipsoidal y simétrica. Después de la incubación la CMI será el valor obtenido en el punto en el que el extremo de inhibición intersecciona con la tira.

En este caso la orientación del disco es relevante ya que, si colocamos la tira al revés no se observa elipse de inhibición ya que el gradiente de concentraciones se situa solo sobre una de las caras de la tira.

El método E-test se ha utilizado para determinar la CMI de diversos antibióticos en una amplia gamma de bacterias. En algunos casos como vancomicina y S. pneumoniae, la CMI es más alta utilizando el E-test que la obtenida por los métodos de microdilución, produciendo resultados que se encuentran en el rango superior de aislamientos susceptibles y con resultados de control de calidad por encima de los límites aceptables. El E-test se considera como un método alternativo para el estudio cuantitativo de la sensibilidad antimicrobiana del que cabe destacar su sencillez y buena correlación con la técnica estándar de dilución en agar para el estudio de la CMI.

B-Lectura de los resultados.

Después del período de incubación, se lee la CMI en el punto de intersección entre el extremo de inhibición de la elipse y la tira. Existen una serie de consideraciones sobre la lectura de los resultados, las cuales son las siguientes:

1.   Cuando la CMI coincide entre dos marcas de la tira se informará el resultado correspondiente al valor superior.

2.   Para S. maltophilia o Enterococcus spp., pueden aparecer colonias pequeñas en la zona de inhibición, por lo que se debe considerar como resistente.

3.   Cuando se lea la intersección de la elipse con las tiras de sulfamidas, trimetoprim o cotrimoxazol, deberemos leer la intersección en la zona de crecimiento denso y no considerar la existencia de crecimiento en la zona poco densa.

4.   Si se observan colonias grandes en la zona de inhibición puede significar un cultivo mixto o variantes resistentes y se debe repetir el test a partir de colonias del cultivo primario. Si volvemos a observar el mismo patrón, se tienen que subcultivar las colonias que crecen en la zona de inhibición, identificarlas y volver a realizar el Etest. Si obtenemos el mismo resultado y el cultivo es puro, debemos informar como resistente. 5. Utilizando los puntos de corte actuales para S. pneumoniae y penicilina una cepa que es resistente por el método de dilución en agar (CMI >2 µg/ml) puede ser categorizada como intermedia (CMI = 0,25 a 1,0 µg/ml) por E-test. En estos casos cuando encontramos una cepa con CMI de 1 µg/ml por el método E-test, se recomienda confirmar la CMI por un método alternativo.

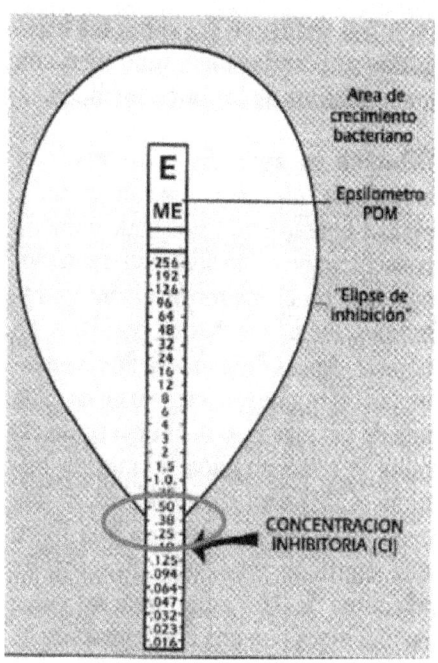

Figura Nº (29): Imagen de la tira del Etest donde se muestra el funcionamiento de la tira.

Figura Nº (30): Antibiograma por E-test en el que se observa una elipse de inhibición. El punto donde la elipse corta con la tira es el valor de CMI, en este caso 1,0 mg/l.

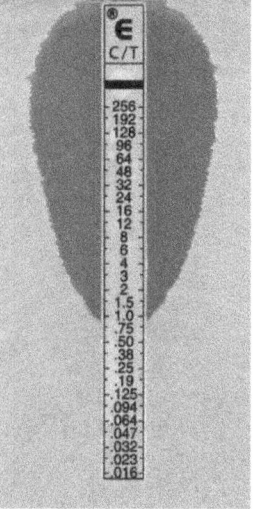

C-Interpretación.

Como se ha observado una relación directamente proporcional entre los valores de E-test y los valores de referencia de la EUCAST obtenidos por difusión en agar, los puntos de corte de la CMIs serán apropiados para categorizar la bacteria estudiada como sensible, intermedia o resistente.

4.1.5.1.2- Método de microdilución.

Este método se utiliza para cuantificar actividad in vitro de los antimicrobiano y se basa en la determinación del crecimiento del microorganismo en presencia de concentraciones crecientes del antimicrobiano, el cual se encuentra diluido en los pocillos.

Este método involucra pequeños volúmenes de caldo. Cada uno de los pocillos estériles de la placa de microtitulación con fondo redondo representa uno de los tubos del método de macrodilución.

El WalkAway-96 plus posee una capacidad para 40 paneles MicroScan con 96 pocillos y con ocho torres de paneles con doce paneles cada una.

El aparato utilizado para este método es el MicroScan Walkaway96 plus. Este instrumento se utiliza como herramienta para la determinación de la identificación bacteriana y de los patrones de sensibilidad antimicrobiana.

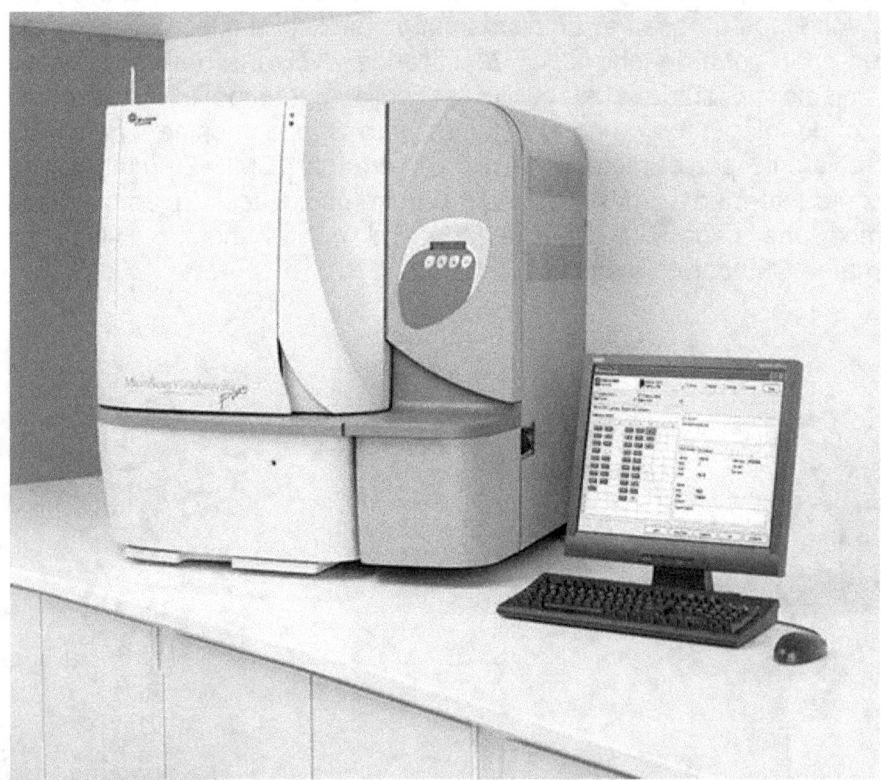

Figura N° (31): Imagen del equipo instrumenstal MicroScan WalkAway 96 plus y del sistema informático Labpro Connect.

A- Principio de acción:

El instrumento WalkAway utiliza dos sistemas ópticos (Fluorométrico y colorimétrico) controlados por el ordenador para la detección del crecimiento bacteriano en los pocillos de los paneles MicroScan.

La medición fluorométrica y colorimetrica proporcionan información acerca de la solución del pocillo; la intensidad de fluorescencia o de color en cada pocillo es proporcional a la concentración de bacterias en ese pocillo. Los pocillos en cuestión contienen sustratos bioquímicos que experimentan cambios de color o fluorescencia en presencia de determinadas bacterias.

Para determinar la sensibilidad antimicrobiana a través del principio microbiológico de concentración mínima inhibitoria, la intensidad de la luz transmitida a través de cada pocillo es inversamente proporcional a la concentración de bacterias en dicho pocillo.

La información óptica genera una señal eléctrica (voltaje) que es convertida a un formato digital y se almacena en el ordenador. La información digital es utilizada por el circuito de control de la CPU.

Después que todo el panel se haya leído ópticamente y de que los valores se hayan almacenado, cada lectura del pocillo de análisis se compara con un valor umbral. Este valor es un número fijo que representa un porcentaje determinado de absorbancia relativa o fluorescencia que se corresponde con un crecimiento clínicamente significativo. De esta forma se determina la CMI para cada antimicrobiano.

Para la identificación, las señales eléctricas correspondientes a la intensidad de luz que pasa a través de cada pocillo de sustrato bioquímico o la fluroscencia se convierten en una serie de valores digitales que indican que se ha producido o no un cambio. Estos valores se almacenan en la memoria del ordenador y se comparan con datos fijos. En función de si los resultados son positivos o negativos, el ordenador calcula a partir de cada uno de los pocillos un número de biotipo que refleja estos resultados e identifica el microorganismo desconocido.

Sistema fluorométrico:

Este sistema es capaz de leer 96 pocillos de un panel y proporcionar una medida cuantitativa de la cantidad de fluorescencia de cada pocillo. El sistema consiste en la lámpara de tungsteno halógena, un filtro a 365nm, un sistema óptico que enfoca la excitación y la emisión, un filtro de emisión de 450nm Y un tubo fotomultiplicador. Este tubo genera una señal eléctrica que es proporcional a la emisión, la cual se convierte en información digital para su procesamiento por la CPU.

El sistema colorimétrico consiste de una lámpara de tungsteno halógena, lentes de colimación, una rueda de filtros, filtros de interferencias, cables de fibra óptica y fotodiodos. Una lámpara de tungsteno halógena proporciona una fuente de luz estable, blanca y de banda ancha. Las lentes de colimación concentran la luz emitida por la fuente de luz de tungsteno halógeno en un haz paralelo. Un espejo caliente bloquea el espectro infrarrojo antes de pasar a través de los lentes. Los filtros de interferencia de cristal están dispuestos en un disco giratorio que se denomina rueda de filtros y que permite la selección de un filtro para una longitud de onda específica de luz al mismo tiempo. Los filtros tienen propiedades ópticas extremadamente estables.

El haz de fibra óptica del instrumento consta de 12 canales de fibra óptica individuales. La luz procedente de un filtro de interferencia es guiada hasta cada uno de los pocillos de un panel MicroScan simultáneamente a través de las fibras.

La placa A/D del fotosensor convierte la energía luminosa emitida por cada pocillo del panel analizado en una señal eléctrica utilizable. Hay 12 fotodiodos en la placa de circuitos del instrumento, uno para cada columna de pocillos del panel.

Cuando se lee un panel utilizando la luz que pasa a través del filtro de interferencia, el fotodiodo produce una corriente relativa a la cantidad de luz que recibe. Las señales eléctricas pasan de la placa A/D de fotosensor de forma seriada. El circuito multiplixor de alta velocidad selecciona los fotodiodos de forma individual.

Operación:

El manejo del instrumento exige una coordinación con el software de aplicación. Al conectar el instrumento se realizan las siguientes funciones tales como mantenimiento, carga y descarga de paneles, monitoreo Y procesamiento de paneles.

Cuando se enciende el instrumento, la pantalla de estado del instrumento muestra varios mensajes relativos a la carga y ejecución de programas. Después de los mensajes, la pantalla de estado muestra la hora la temperatura.

La mayoría de las funciones del procesamiento de paneles se pueden monitorear y controlar en la pantalla de estado.

El área puerta de acceso controla el acceso al instrumento con el fin de cargar o descargar paneles o de realizar las tareas de mantenimiento del instrumento.

La ventana pantalla de Estado contiene cuatro señales principales:

-La pestaña *Estado* de WalkAway presenta una vista rápida del estado del instrumento y de los paneles.

-La pestaña *carga de estado* presenta información más detallada sobre el estado de los paneles.

-La pestaña *Estado de las excepciones* muestra información más detallada sobre los paneles con excepciones de procesamiento o mensajes del sistema.

-La pestaña *mantenimiento* se utiliza para disponer los componentes del instrumento para su limpieza, controlar las purgas manuales de reactivos y llevar acabo otras tareas. Materiales:

Paneles MicroScan: bandeja de plastico de 10 a 15cm con 96pocillos utilizados para el análisis microbiologico. Cada pocillo contiene o bien una sustancia bioquímica para identificar un microorganismo o bien un agente antibateriano para determinar los patrones de sensibilidad.

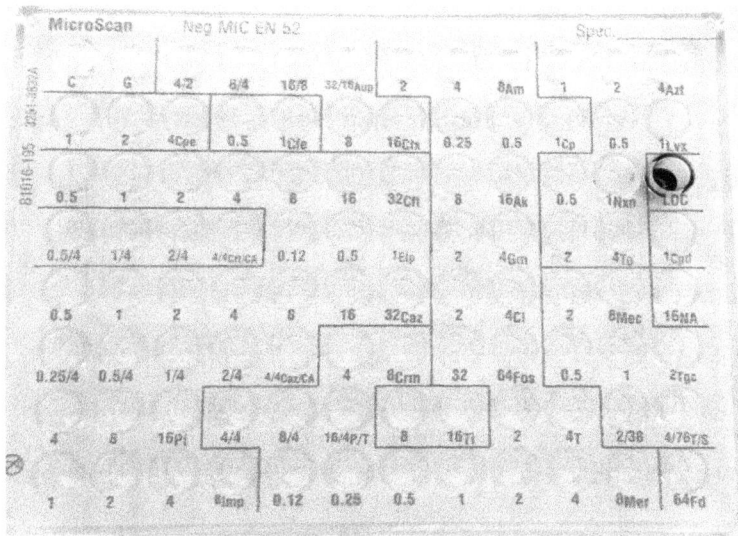

Figura N° (32): Imagen del panel MicroScan Neg MIC EN 52.

■ Sistema de inoculación PROMPT: este sistema consta de una aguja de inoculación y el líquido de preparación de inóculos, el cual da una estabilidad al inoculo de hasta cuatro horas.

■ Inoculador RENOK: se trata de una pipeta manual que inocula y rehidrata los paneles MicroScan. Se utilizan inoculadores desechables. El inoculador consta de una tapa de transferencia, la cual contiene y dispensa el inoculo, y una base del inoculador que contiene el inoculo.

Este sistema funciona creando un vacío al levantarse una palanca. Una cámara dentro de la unidad aspira una cantidad de aire controlada. El vacío resultante aspira el inoculo a la tapa de transferencia del inoculador. Ningún líquido entre el sistema, por lo que la contaminación del aparato se controlan más fácilmente. El inoculó se libera, lo que rehidrata el panel y, al mismo tiempo, lo inaugura con el microorganismo que va ser evaluado, quedando listo el panel para la incubación.

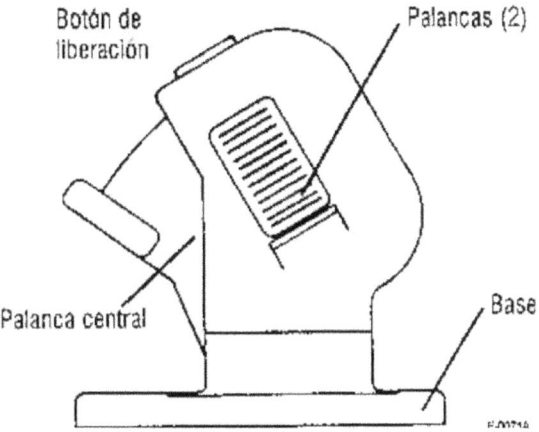

Figura N° (33): Imagen del dispositivo inoculador RENOK junto con sus componentes.

Procedimiento:

1. Se deberá comenzar imprimiendo y pegando el código de barras correspondiente en el panel.
2. Se desembolsa el panel y se cogen de 3 a 4 colonias con la aguja de inoculación PROMPT. Una vez se tengan las colonias, se quita el trozo de plástico para poder introducir la aguja en el liquido de inoculos. Este paso se debe hacer de forma rápida y sin arrastrar el inoculo.
3. Introducimos la aguja en el líquido inoculador y agitamos.
4. Una vez agitado vaciamos la suspensión bacteriana en el inoculador.
5. Utilizamos el sistema Renok para inocular el panel.
6. Colocamos el panel en la torre del instrumento con el código de barras situado en la parte posterior.

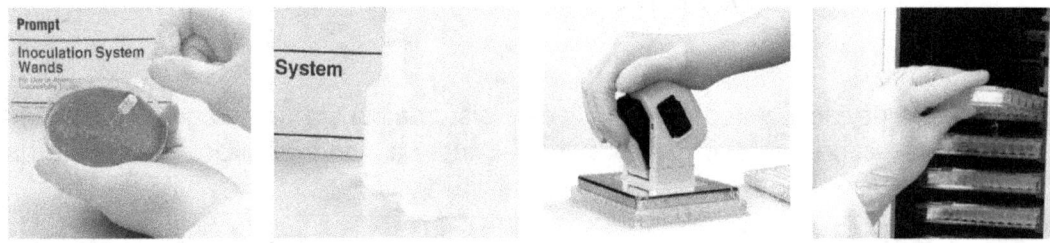

Figura Nº (34): De izda a dcha: Imagen del procedimiento de inoculación.

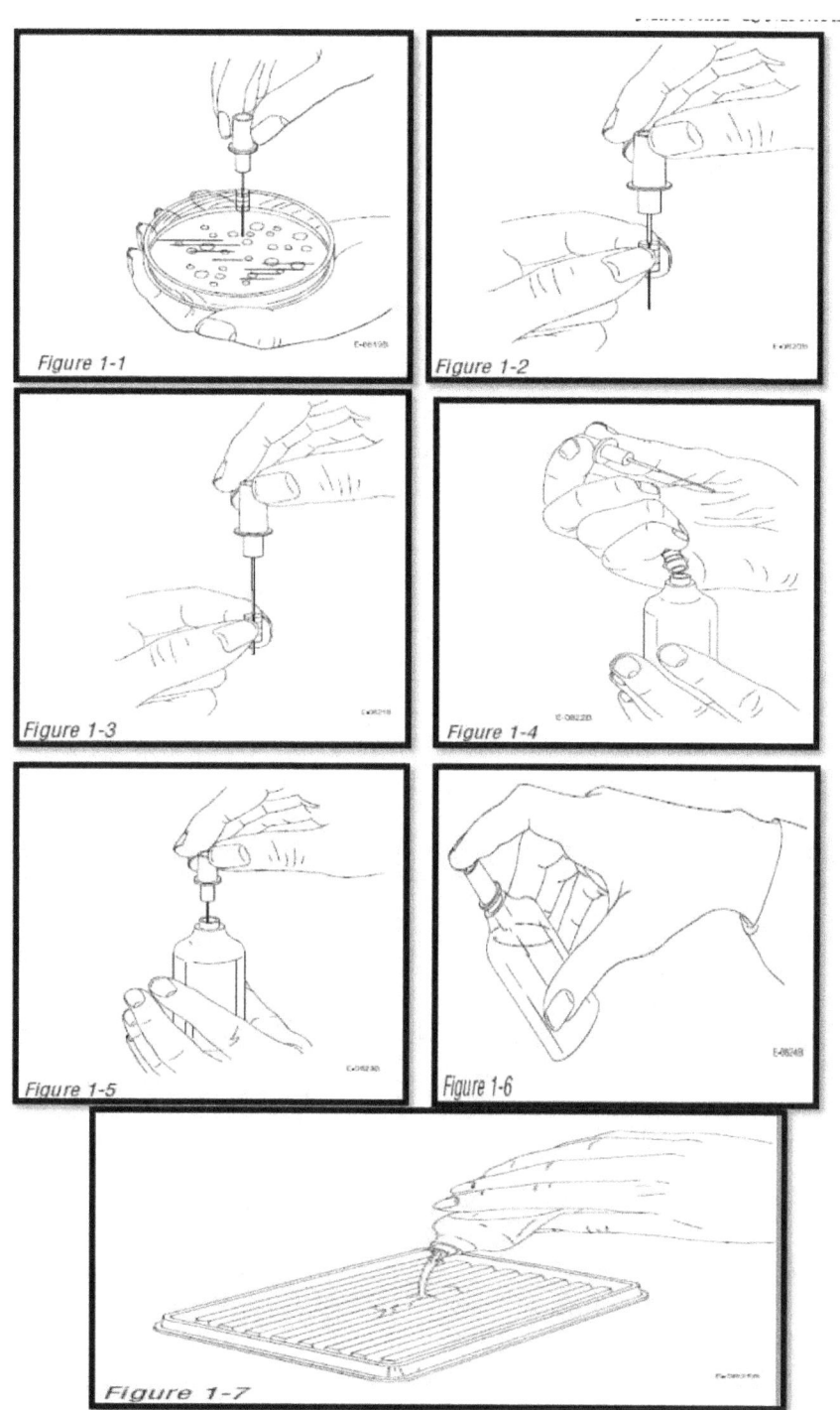

Figura N° (35): Procedimiento de inoculación en la placa de MicroScan.

<u>Lectura de resultados:</u>

Los resultados se dan gracias al programa informático LabPro Connect el cual permite gestionar los datos de las pruebas de identificación y sensibilidad a los antibióticos (ID/ AST) directamente desde la estación de trabajo de su laboratorio. También consolida los datos de varios sistemas de pruebas de epidemiología y otros informes de gestión directamente en la oficina de su laboratorio.

La gestión de gran capacidad de resultados de pruebas, desde el encargo hasta la transmisión al sistema de información del laboratorio, mejora la eficacia de trabajo.

Se puede concluir que los sistemas MicroScan WalkAway plus utilizan tecnología de MIC real para obtener los resultados exactos que los laboratorios necesitan para funcionar correctamente, permitiendo que la detección de la resistencia bacteriana se realice de forma correcta y agilizando el flujo de trabajo gracias al sistema de inoculación.

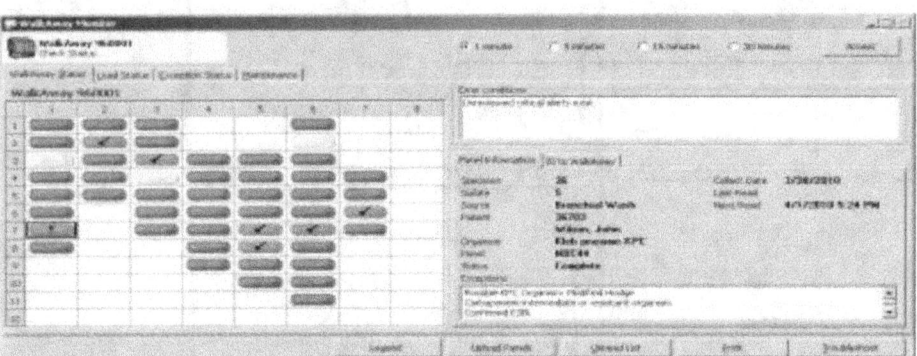

Figura N° (36):

Imagen del
infomático
Labpro Connect.
La imagen superior muestra
el estado de los
imagen inferior
resultados

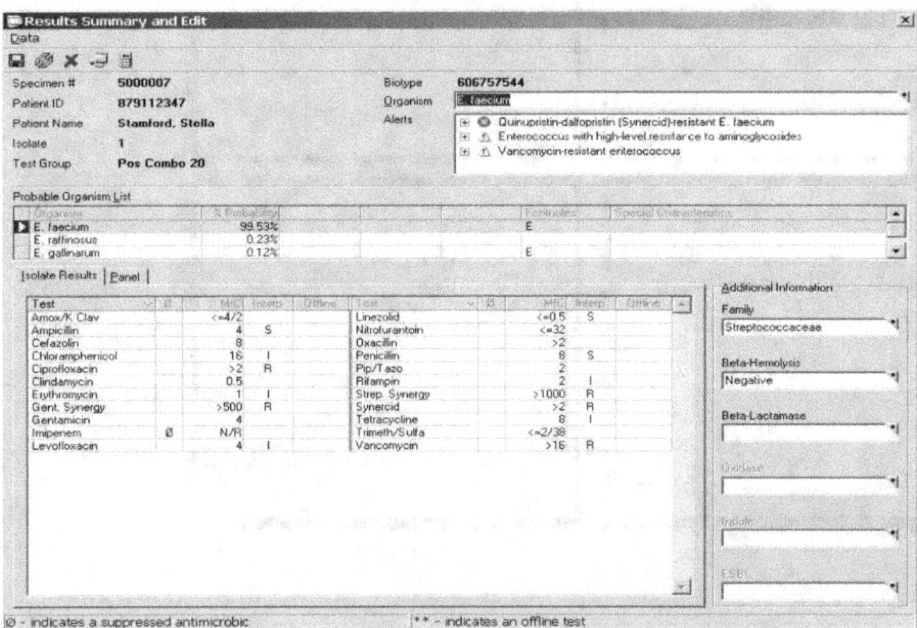

4.2 Materiales y métodos.

Método	Materiales	Referencia

Difusión en agar (Técnica de Bauer & Kirby)	·Tubos con suero fisiológico ·Escobillones estériles ·Medio de cultivo ·Discos de antibióticos ·Pinzas estériles	Ref. en 4.1.5.1.1
Método del Epsilon Test	·Tubos con suero fisiológico ·Escobillones estériles ·Medio de cultivo ·Tira Etest ·Pinzas estériles	Ref. en 4.1.5.1.1
Método de microdilución	·Paneles MicroScan ·Sistema de inoculación PROMPT ·Inoculador RENOK ·Software Labpro Connect	Ref. en 4.1.5.1.2

Figura Nº (37): Tabla explicativa de la relación entre materiales y métodos realizados en el laboratorio de microbiología del Hospital Universitario Santa Lucría.

4.3 Resultados y Análisis.

A través de las pruebas explicadas en el punto anterior, todas las muestras procesadas en el Laboratorio de Microbiología del Hospital Universitario Santa

Lucía siguen el mismo procedimiento genérico hasta la primera sospecha. A partir de ahí, será el facultativo quién irá indicando que tipo de pruebas se realizan, como aislamientos en medios específicos y/o inhibidores, pruebas manuales, paneles con microdiluciones de diferentes antibióticos, etc. de forma que se descarten las distintas opciones posibles hasta identificar con certeza de que microorganismo se trata.

En esta ocasión, se pudo tener acceso a parte de los resultados procesados durante Enero de 2018 hasta Octubre de 2018, aquellos relativos a los microorganismos identificados con mayor frecuencia en las muestras de orina, así como de micciones intermedias y finales ligadas a los estudios relativos a la función renal.

Como se puede observar, el parásito identificado con mayor habitualidad resultó ser *E.coli*, con un número de 4.313 casos, de los cuales cabe destacar que 478 resultaban ser *E.coli BLEE*. Tras ella, fue la *Klebsiella* la causante de infecciones urinarias, con un número de 1.038 casos. Las *Enterobacter* serían la tercera causa más frecuente con 685 casos.

La lista de microorganismos identificados es larga y abarca más de 25 géneros con sus respectivas diferentes especies.

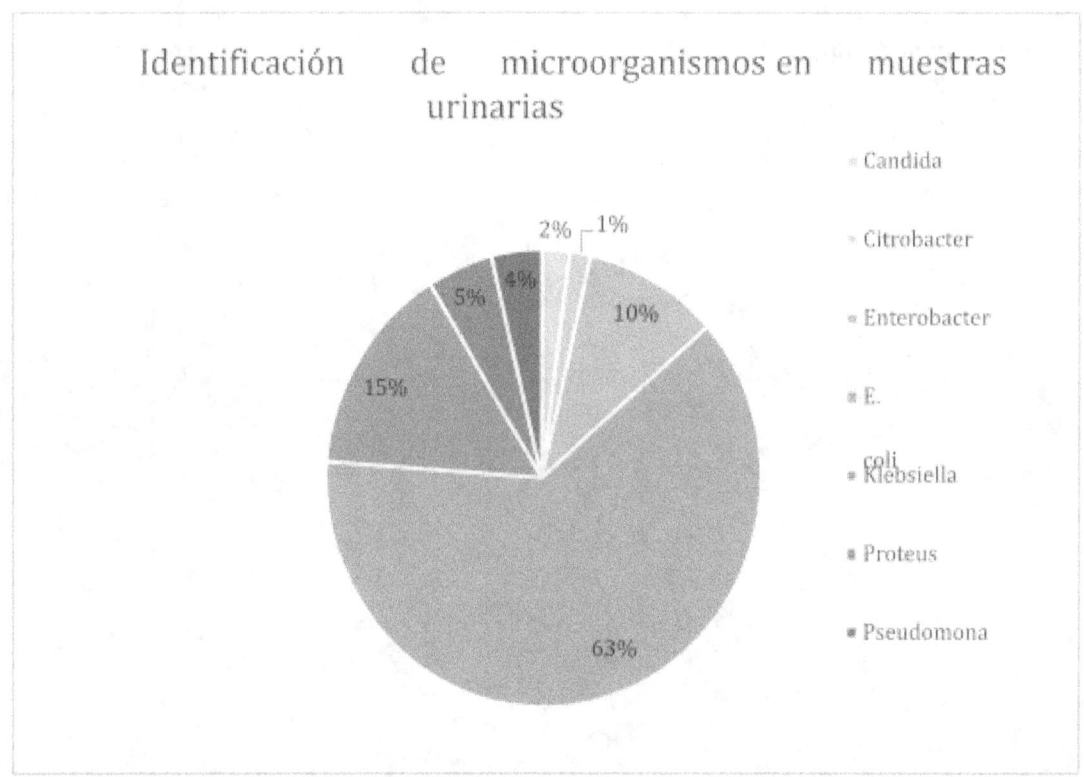

Se concluye entonces, que la mayor causa de infecciones en el tracto urinario se debe al microorganismo *E.coli*.

5.Conclusión.

Tras esta pequeña revisión bibliográfica de los mecanismos de resistencia antimicrobianos, se pueden llegar a diferentes afirmaciones relativas a la capacidad de adquisición de genes CAR (de alta resistencia, capaces de volver una bacteria resistente al ataque de un antibiótico con el que ni siquiera ha sufrido un primer contacto), así como del mal uso y funcionamiento de los medicamentos, de forma que se propician escenarios más sencillos para las bacterias ser resistentes, así como incorporar en su código genético información que las vuelva intocables a todos los antibióticos conocidos. Cabe entonces, replantearse los métodos al igual que líneas de investigación, que reduzcan el tiempo de la obtención de información, ya que la evolución bacteriana logra ir por delante de los diferentes estudios a día de hoy.

6. <u>Líneas de investigación futuras.</u>

6.1 MALDI TOF

El sistema MALDI-TOF se basa en la técnica de espectrometría de masas, la cual trata de obtener iones en estado gaseoso a partir de moléculas, para luego discriminar dichos iones según su relación masa/carga (z). Para ello necesitará una fuente de ionización, un analizador de masas y un detector. En el caso del método MALDI, la muestra se mezcla con una matriz orgánica sobre una placa metálica, lo que provocará la unión del compuesto con la matriz. A partir de entonces, a través del tratamiento con pulsos laser, la matriz absorberá la energía de los pulsos, excitando a los iones del analito. Tras ello se genera la desorción de los analitos de fase sólida a fase gaseosa.

Una vez obtenidos los iones en fase gaseosa, será el analizador Tiempo de Vuelo (TOF) quién separará los iones en función de su relación carga/masa (z), a través de campos electromagnéticos en cámaras de vacío que faciliten la conducción de los iones hacia el detector.

Finalmente se obtendrá una gráfica donde se verán reflejados los picos según masa/carga(z), correspondiéndose cada uno de ellos a un ion concreto.

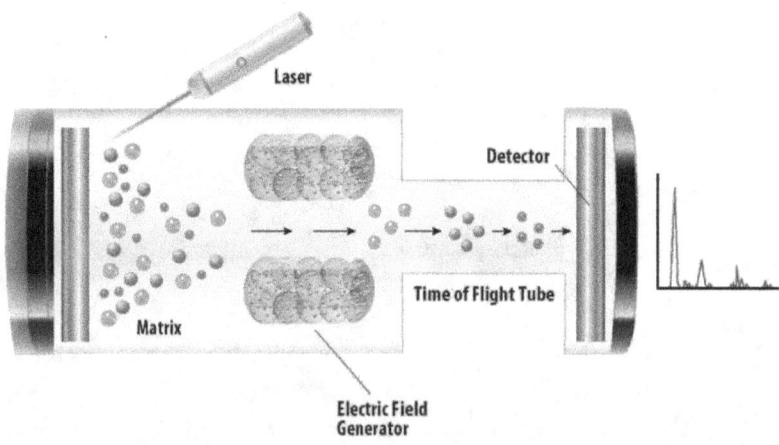

Figura N° (38): Resumen simplificado del funcionamiento del sistema MALDI-TOF

USO DE LOS SISTEMAS MALDI-TOF EN LAS LÍNEAS DE INVESTIGACIÓN.

Este método nos permite detectar enzimas no descritas previamente que no han sido estudiadas del código genético o de las que no se dispone de información acerca de los genes que las codifican.

Para ello se encuentra en procedimiento la creación de una biblioteca de perfiles de espectros que permitan el reconocimiento rápido y seguro de diferentes enzimas así como genes. Este es el gran punto débil de este método, ya que aunque supone una técnica más rápida, más económica, que permite, en ocasiones, como en muestras urinarias, el uso directo de la muestra para el estudio con el espectro; así como una cantidad menor de esta, carece de un alto nivel de sensibilidad, y no es completamente fiable, al no poseer, como se ha dicho anteriormente, una biblioteca de espectros, gráficas que representen enzimas concretas y que aseguren una determinación evidente del analito que se busca, sea una enzima o un gen concreto.

Para ello se deben realizar técnicas de proteómica junto con el método de espectrometría de masas, para elaborar esta biblioteca global sobre la que todos los laboratorios puedan consultar sus estudios y métodos. Estos serían los equivalentes a los perfiles fenotípicos tradicionales que se han estado usando hasta la fecha, desde los inicios del siglo y a los que se recurren con mayor habitud desde el auge del uso de la espectrometría de masas.

Diferentes estudios y diferentes casas han llegado dos puntos esenciales en común sobre esta técnica:

a) La elección de la matriz, diluyentes, calibradores y espectrómetros usados influyen de forma importante en la obtención de resultados, por lo que se necesitará establecer unos parámetros a seguir por todos los laboratorios a la hora de efectuar la técnica, de forma que los perfiles generados para la biblioteca gráfica enzimática puedan ser aplicables para todos aquellos que lleven la técnica a cabo.

b) En lo relativo a la identificación de microorganismos, se deberá especificar el rango de masas a analizar, usualmente entre 2.000 y 20.000 Da en los estudios de identificación, de forma que los picos producidos por la matriz queden fuera del rango de masas a analizar. Cuando se trate de estudios de resistencia, se deberá ser cuidadoso con la matriz elegida ya que sus rangos de masas podrían interferir en el estudio, dificultando la diferenciación entre matriz y microrganismo.

Siguiendo estas afirmaciones, se encuentran dos técnicas que hacen uso de MALDITOF para el estudio de microorganismos:

- *'' MS-RESIST, plantea la incorporación al medio de cultivo de aminoácidos marcados junto con el antimicrobiano a probar. Los microorganismos sensibles no se multiplicarán o lo harán muy lentamente, y apenas incorporarán estos aminoácidos marcados. Los microorganismos resistentes se multiplicarán de manera mucho más activa, e incorporarán mayores cantidades de estos aminoácidos marcados que, al tener tamaños distintos, generarán perfiles diferentes a los sensibles. Se ha demostrado su utilidad en la identificación de SARM, y en la detección de resistencia a betalactámicos, aminoglucósidos y fluoroquinolonas.*
- *MS MALDI-TOF cuantitativa, se basa en la cuantificación de picos menores en presencia y ausencia de antimicrobiano, y se ha mostrado sensible y específico frente a Klebsiella spp. productora de carbapenemasas. ''*

Con frecuencia, la hidrólisis del antibiótico es seguida de un proceso de descarboxilación dando lugar a la presencia de un pico adicional correspondiente a la forma hidrolizada y descarboxilada del antibiótico. La hidrolisis es uno de los principales procesos para la detección de enzimas y compuestos.

Para la detección de actividad β-lactamasa se ha estado usando una metodología basada también en la espectrometría de masas MALDI-TOF. Esta nueva estrategia se basa en la comparación del perfil de picos que genera el agente antimicrobiano intacto (no-hidrolizado) con el perfil obtenido después de la hidrólisis de anillo β-lactámico por parte de las β-lactamasas presentes en el microorganismo objeto de análisis. Sintetizando, crear un archivo con los perfiles de los agentes en su estado antes de la acción con el microbiano, de forma que cuando la muestra a estudiar pase a través de la espectrometría se puedan comparar ambos resultados y observar sus diferencias para conocer si se produce la hidrólisis de los anillos, así como de otros componentes.

NUEVAS ADQUISICIONES DE RESISTENCIA Y ESTUDIOS.

Hay varios estudios de estudio, pero el más usado es:

Estudio in vitro: se expone un microorganismo con un perfil de susceptibilidad conocido, a un medio de cultivo con una concentración de un antimicrobiano. Una vez el microorganismo desarrolle resistencia al antimicrobiano que se encuentra expuesto, se evalúan los perfiles de susceptibilidad del microorganismo a los antimicrobianos de interés y nuevamente se inocula el microorganismo en un nuevo medio de cultivo con el mismo antimicrobiano del medio de cultivo previo, pero en una concentración mayor, y así´ sucesivamente

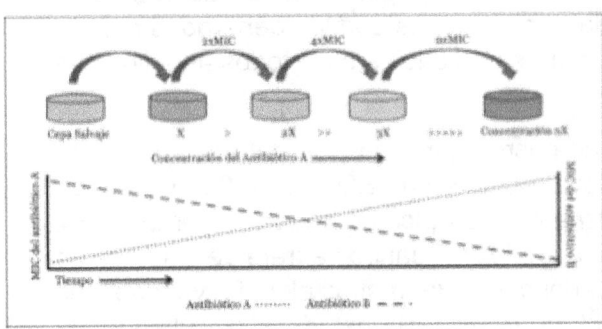

Figura Nº (39): Se toma una cepa bacteriana sin ningún mecanismo de resistencia y se somete a concentraciones crecientes de un antimicrobiano. Con posterioridad a la exposición al antimicrobiano, se toma una muestra de la cepa y se evalúa la Concentración Mínima Inhibitoria (CMI) para los antimicrobianos de interés y, al graficarlas, se puede observar el comportamiento del microorganismo en las diferentes concentraciones.

Los principios del sistema de rotación de antimicrobianos se basan en la pérdida y compensación de mecanismos de resistencia cuando se alternan varios antibióticos a los que se expone el microorganismo. Durante el tiempo al que se encuentra expuesto, la CMI aumenta conforme trascurre el tiempo, al punto de que el microorganismo logra ser resistente al antibiótico incluso frente a grandes cantidades del medicamento. Es entonces cuando se produce el cambio de antibiótico rotándolos e introduciendo el segundo antibiótico.

La rotación de antimicrobianos disminuyó la tasa total de evolución de resistencia comparada con el tratamiento individual simple, lo que demuestra que la terapia combinada supone un mecanismo de mayor eficacia.

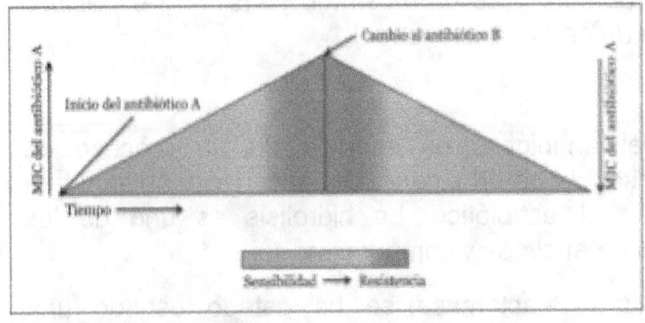

Figura Nº (40): Ejemplo de sistema de alternación de antibióticos con relación a la CMI del microorganismo.

7. Bibliografía.

1-	Waldo H.Belloso. "*Historia de los antibióticos*". Sección Farmacología. Hospital Italiano de Buenos Aires. Fuentes de información bibliográfica: Índice Médico Español (IME).
https://www.hospitalitaliano.org.ar/multimedia/archivos/noticias_attachs/47/documentos/7482_102-111-belloso.pdf

2-	Guillermo Acuñal.L. "*Evolución de la terapia antimicrobiana:lo que era, lo que es y lo que será (2003)*". Fuentes de información bibliográfica: Índice Médico Español (IME).
https://scielo.conicyt.cl/scielo.php?script=sci_arttext&pid=S0716-10182003020100001

3-	J.Oromí Durich. "*Resistencia bacteriana a los antibióticos*" (2000). Fuentes de información bibliográfica: Índice Médico Español (IME).

https://www.elsevier.es/es-revista-medicina-integral-63-articulo-resistencia-bacterianalos-antibioticos-10022180

4-	Juan-Ignacio Alós. "*Resistencia bacteriana a los antibióticos: una crisis global*" (2015). Fuentes de información bibliográfica: Índice Médico Español (IME).

https://www.elsevier.es/es-revista-enfermedades-infecciosas-microbiologia-clinica-28articulo-resistencia-bacteriana-los-antibioticos-una-S0213005X14003413

5-	Cristina Suarez y Francesc Gudiol. "*Antibioticos betalactamicos. Servicio de Enfermedades Infecciosas*", Hospital Universitario de Bellvitge, Hospitalet de Llobregat, Barcelona, España.

https://www.elsevier.es/es-revista-enfermedades-infecciosas-microbiologia-clinica-28articulo-antibioticos-betalactamicos-S0213005X08000323

6-	Jorge Calvo y Luis Martıneź -Martínez (2008). "*Mecanismos de acción de los antimicrobianos*". Servicio de Microbiología, Hospital Universitario Marqués de Valdecilla, Santander, España.

https://www.elsevier.es/es-revista-enfermedades-infecciosas-microbiologia-clinica-28articulo-mecanismos-accion-los-antimicrobianos-S0213005X08000177

7-Rafael Vignoli y Verónica Seija (2008). "*Principales mecanismos de resistencia antibiótica*".
http://www.higiene.edu.uy/cefa/2008/Principalesmecanismosderesistenciaantibiotica.pdf

8-Cristina Suarez y Francesc Gudiol (2008).Servicio de Enfermedades Infecciosas, Hospital Universitario de Bellvitge, Hospitalet de Llobregat, Barcelona, España. Antibioticos betalactamicos.
http://apps.elsevier.es/watermark/ctl_servlet?_f=10&pident_articulo=13133636&pident_usuario=0&pcontactid=&pident_revista=28&ty=152&accion=L&origen=elsevier&web=www.elsevier.es&lan=es&fichero=28v27n02a13133636pdf001.pdf

9-	M.ª Jesús Esparza Olcina (2008). "*Descripción general de los principales grupos de fármacos antimicrobianos. Antibióticos*". Pediatra. Centro de Salud Barcelona.Servicio Madrileño de Salud. Móstoles, Madrid.

https://guia-abe.es/generalidades-descripcion-general-de-los-principales-grupos-defarmacos-antimicrobianos-antibioticos-

10-	Vives, M. V. Ventriglia, D. Medvedovsky, M. L. Oyarbide, G. Pérez Marc, M. V. Gacitúa, M. Poggi y R. Rothlin (2004) FARMACOLOGÍA II. INHIBIDORES

DE LA SÍNTESIS PROTEICA RIBOSOMAL.
https://farmacomedia.files.wordpress.com/2010/05/inhibidores-de-la-sintesis-proteicaribosomal.pdf

11- VAZQUEZ, D. (1986): Biosíntesis del peptidoglucano: mecanismos de acción y selectividad de los antibióticos inhibidores. En: Bioquímica y Biología Molecular (Coordinador: L. Cornudella). Salvat, Barcelona, págs. 133-140.
https://www.ugr.es/~eianez/Microbiologia/05paredbios.htm

12- Dr. Jorge S. Raisman (2000) ''La pared bacteriana''
http://www.biblioteca.org.ar/Libros/hipertextos%20de%20biologia/micro4.htm

13- Yuliya Zboromyrska, Mario Ferrer-Navarro, Francesc Marco, Jordi Vila. ''Detección de resistencia a agentes antibacterianos mediante MALDI-TOF espectrometría de masas.'' Servicio de Microbiología, Hospital Clinic, Facultad de Medicina, Universidad de Barcelona. Centro de Salud Internacional (CRESIB), Barcelona.
https://seq.es/wp-content/uploads/2014/06/completo.pdf

14- Juan Luis Muñoz Bellido y José Manuel González Buitragoa. ''Espectrometría de masas MALDI-TOF en microbiología clínica. Situación actual y perspectivas futuras.'' Departamento de Medicina Preventiva, Salud Pública y Microbiología Médica, Universidad de Salamanca, Salamanca, España. Servicio de Microbiología, Complejo Asistencial Universitario de Salamanca, Salamanca, España.
https://www.elsevier.es/es-revista-enfermedades-infecciosas-microbiologia-clinica-28articulo-espectrometria-masas-maldi-tof-microbiologia-clinica--S0213005X15000919

15-'Prueba Epsilon (ETest)' (1998), vol 12 No. 1. Medellín: CES.
file:///Users/ainoagarcia/Downloads/ETEST.pdf

16-'Pruebas de sensibilidad antimicrobiana. Métodología de laboratorio' (1999), vol.34 suppl.0. Rev. méd. Hosp. Nac. Niños (Costa Rica)
https://www.scielo.sa.cr/scielo.php?script=sci_arttext&pid=S101785461999000100010

17-'Procedimientos en Microbiología Clínica'. (2000) Juan J. Picazo.
https://www.seimc.org/contenidos/documentoscientificos/procedimientosmicrobiologia/seimc-procedimientomicrobiologia11.pdf

18-'Medios de cultivo para la realización de pruebas de sensibilidad a los antimicrobianos.' (2018) BioMérieux España.
https://www.biomerieux.es/microbiologia-industrial/medios-de-cultivo-para-larealizacion-de-pruebas-de-sensibilidad-los

19- 'Pruebas de sensibilidad antimicrobiana. Discos para antibiogramas. Sistemas avanzados de análisis.'

http://www.analisisavanzados.com/modules/mod_tecdata/antibiograma/Discos_de_antibiograma.pdf

20-'*ETEST® para la detección de Resistencia antimicrobiana (ARD)*'. (2018) BioMérieux   España.
https://www.biomerieux.com.co/diagnostico-clinico/etestr-para-la-deteccion-deresistencia-antimicrobiana-ard#top

21-'*Etest® Tiras de antibiograma listas para su uso para determinar gradiente de   CMIs*'.   (2018)   BioMérieux   España.
https://www.biomerieux.es/diagnostico-clinico/productos/etest

22-'*MicroScan Walkaway 96 plus*'. Ministerio de Salud Secretaría de Políticas, Regulación e Institutos. A.N.A.M.T. (2016) Dr Roberto Lede.
http://www.anmat.gov.ar/boletin_anmat/agosto_2016/Dispo_9433-16.pdf

23-'*Sistemas de Automatización en Microbiología MicroScan*'. BR-18606A SPA B2014-20165 © (2015) Beckman Coulter, Inc.
http://www.rocarsystem.com/wp-content/uploads/2018/01/BROCHURE.pdf

24-'*MICROSCAN® SOLUTION & ANTIBIOTIC RESISTANCES*'. (2016) Beckman Coulter, Inc
http://iammdelhi.com/wp-content/uploads/2017/10/Emerging-Resistance-2016For-Seminars-FINAL-approved-PA.pdf

25-'*Materials & Methods*'.
https://shodhganga.inflibnet.ac.in/bitstream/10603/123964/9/09_chapter%203.pdf

www.ingramcontent.com/pod-product-compliance
Lightning Source LLC
Chambersburg PA
CBHW081057170526
45166CB00006B/2100